机械类国家级实验教学示范中心系列规划教材

测控系统综合实验教程

史红梅　霍　凯　主编

U0247514

科学出版社

北　京

内 容 简 介

在测控技术与仪器专业的课程体系中,实践环节是非常重要的一个组成部分,本书针对测控技术与仪器专业的主要专业课程进行实验内容的编写,涵盖误差理论与数据处理、传感器原理及应用、光电信息技术、测控电路设计、自动控制元件、液压与气动技术、计算机控制技术、PLC 控制系统、虚拟仪器技术、测控系统综合设计等十余门课程实验。实验分为验证性、综合性和设计性三类,第 11 章通过测控系统综合实验平台完成三个综合性大实验。

本书的很多实验来自教师的科研项目,实用性强,内容新颖,可作为测控技术与仪器专业、机械电子专业、自动化专业本科生的实验、实践教材。

图书在版编目 (CIP) 数据

测控系统综合实验教程/史红梅,霍凯主编. —北京:科学出版社,2016.1

机械类国家级实验教学示范中心系列规划教材

ISBN 978-7-03-047038-6

Ⅰ. ①测… Ⅱ. ①史… ②霍… Ⅲ. ①自动检测系统-实验-教材 Ⅳ. ①TP274-33

中国版本图书馆 CIP 数据核字(2016)第 010922 号

责任编辑:毛 莹 张丽花 / 责任校对:郭瑞芝
责任印制:徐晓晨 / 封面设计:迷底书装

科 学 出 版 社 出版
北京东黄城根北街 16 号
邮政编码:100717
http://www.sciencep.com

北京京华虎彩印刷有限公司 印刷

科学出版社发行 各地新华书店经销

*

2016 年 1 月第 一 版 开本:787×1 092 1/16
2017 年 1 月第二次印刷 印张:14 3/4
字数:350 000

定价:46.00 元
(如有印装质量问题,我社负责调换)

前　　言

在测控技术与仪器的课程体系中，实践环节是非常重要的一个组成部分，包括课程内实验和独立的实践环节。课程内实验又分为专业基础课实验和专业课实验，本书针对测控技术与仪器专业的主要专业课程进行实验内容的编写。

全书共 11 章。每章具有其独立性，使用本书时，可根据不同专业要求对内容进行适当取舍。

第 1 章介绍了测控技术的基本概念、测控技术与仪器专业的培养目标和课程体系以及本书的主要内容。

第 2 章介绍了误差理论与数据处理的 6 个实验，包括万用电桥测量电阻的误差分析与计算、等精度测量结果的数据处理程序设计、最小二乘法求回归直线方程程序设计、转速测量的误差分析与误差合成、一元线性回归法拟合传感器的特性曲线、组合测量的最小二乘法处理。

第 3 章介绍了传感器原理及应用的 8 个实验，包括金属箔式应变片的应用、差动变压器性能实验、位移传感器特性实验、转速传感器测速实验、光电耦合器的应用、光纤传感器的位移特性实验、集成温度传感器的特性实验、单总线数字式温度传感器 DS18B20 测温实验。

第 4 章介绍了光电信息技术的 5 个实验，包括辐射度学与光度学基础实验，光敏电阻、光敏二极管、光敏三极管、光电池特性实验，PSD 位置传感器实验，热释电红外传感器实验，光纤温度传感系统特性实验。

第 5 章介绍了测控电路设计的 8 个实验，包括可编程增益放大器设计、V/F 转换电路设计、F/V 转换电路设计、窗口比较器设计、峰值检测电路设计、有源滤波器设计、温度检测系统设计、载重检测系统设计。

第 6 章介绍了自动控制元件的 4 个实验，包括直流测速发电机性能实验、直流伺服电机静态特性实验、步进电机性能实验、步进电机转速闭环控制实验。

第 7 章介绍了液压与气动技术的 5 个实验，包括液压、气动动力元件和执行元件的拆装、使用维修与故障诊断，液压、气动控制阀的拆装、使用维修与故障诊断，液压系统性能实验，气动系统典型回路实验，气动系统综合实验。

第 8 章介绍了计算机控制技术的 8 个实验，包括基于 Matlab 语言的线性离散系统的 Z 变换分析法、离散控制系统的性能分析(时域/频域)、数字 PID 控制器设计——直流电动机闭环调速实验、最少拍计算机控制系统设计、纯滞后对象的 Dahlin 算法和 Smith 预估控制系统设计、模糊推理系统(FIS)的设计与仿真、基于实际水箱的液位模糊控制系统设计、基于组态软件的锅炉液位监控系统设计。

第 9 章介绍了 PLC 控制系统的 5 个实验，包括 PLC 的结构和使用、汽车自动清洗系统设计、十字路口交通信号灯控制、PLC 与 PC 串口通信、步进电机定位运动控制。

第 10 章介绍虚拟仪器技术的 3 个实验，包括基于虚拟仪器的温度检测系统、基于虚拟仪器的测速系统、基于虚拟仪器的数据采集系统。

第 11 章介绍了测控系统综合设计的 3 个综合性实验，这 3 个实验基于测控系统综合实验平台，实验内容来自科研项目，包括基于 485 总线的高速公路收费亭新风控制系统设计、基于单总线的机车轴温监测系统设计、基于 CAN 总线的抢答器系统设计。

　　本书由史红梅、霍凯主编，其中第 1 章由史红梅编写，第 2 章由刘玉琳、孙艳华编写，第 3 章由郭玉明、史红梅编写，第 4 章由刘玉琳、唐宇编写，第 5 章由杜秀霞、陈广华编写，第 6 章由刘玉琳、田颖编写，第 7 章由焦风川、周明连编写，第 8 章由白晓旭、王爽心、齐红元编写，第 9 章由白晓旭、刘晓东编写，第 10 章由霍凯、延皓编写，第 11 章由郭保青编写。在本书编写过程中参阅了许多文献，在此向参考文献作者致谢。

　　由于编者水平有限，书中难免有疏漏和不妥之处，恳请广大读者批评指正。

编　者

2015 年 10 月

目　录

第1章 绪 论

当今世界已进入信息时代，仪器仪表作为信息工业的源头，是信息流中的重要一环。测控技术伴随着信息技术的发展而发展，同时又为信息技术的发展发挥着不可替代的作用。测控技术与仪器专业就是研究测量与控制技术的专业，具体说，就是对信息进行采集、测量、存储、传输、处理和控制，涉及电子学、光学、精密机械、计算机、信息与控制技术等多个学科基础及新技术。

1.1 测控技术的概念

在科学研究和工程实践的过程中，"测量"和"控制"是认识客观事物的两大主要任务。其中"测量"是"控制"的基础，是采用各种方法获得反映客观事物或对象的运动属性的各种数据，对数据进行记录并进行必要的处理。科学始于测量，没有测量就没有科学。"控制"是采取各种方法支配或约束某一客观事物或对象的运动过程以达到一定的目的。在科学技术高度发达的今天，测量与控制已经渗透到工业、农业、国防、科学研究等现代社会生活的各个领域。

测控技术的核心是信息、控制与系统，测控技术研究的是如何运用各种技术工具延伸和完善人的信息获取、处理、控制和决策的能力，通过对信息的获取、监控和处理，以实现操纵机械、控制参数、提高效率、降低能耗、安全防护等目标。

1.1.1 测量和测量方法

测量是以确定被测量值为目的进行的操作，将被测量与标准量进行比较从而确定被测量对标准量的倍数，测量结果可以用数字表示，也可以用曲线表示或显示成某种图形，既包含数值(大小和符号)，又包含单位。实现测量的工具一般称为测量仪器、仪表。

测量是依靠一定的方法、手段获取对象某种信息的过程，获取测量结果的方法称为测量方法，针对不同的测量任务，进行具体分析，找出切实可行的测量方法，对测量工作是十分重要的。对于测量方法，针对不同角度有不同的分类方法。根据获取测量值的方法可分为直接测量、间接测量与组合测量；根据测量方式可分为偏差式测量、零位式测量与微差式测量；根据测量条件可分为等精度测量与不等精度测量；根据被测量变化快慢可分为静态测量与动态测量。

1. 直接测量、间接测量与组合测量

在使用仪表或传感器进行测量时，测得值直接与标准量进行比较，不需要经过任何运算，直接得到被测量的数值，这种测量方法称为直接测量。例如，用磁电式电流表测量电路的某一支路电流，用弹簧管压力表测量压力等，都属于直接测量。直接测量的优点是测量过程简单而迅速，缺点是测量精度不容易达到很高。

在使用仪表或传感器进行测量时，首先对与被测量有确定关系的几个量进行直接测量，将直接测得值代入函数关系式，经过计算得到所需要的结果，这种测量称为间接测量。间接测量与直接测量不同，被测量 y 是一个测得值 x 或几个测得值 $x_1, x_2, \cdots, x_n$ 的函数，即

$$y = f(x_1, x_2, \cdots, x_n) \tag{1-1}$$

被测量 y 不能由直接测量求得，必须由测得值 x 或 x_i $(i=1,2,\cdots,n)$ 及其与被测量的函数关系确定。例如，直接测量电压值 U 和电阻值 R，根据公式 $P = U^2 / R$ 求电功率 P 即为间接测量的实例。间接测量手续较多，花费时间较长，一般用在直接测量不方便，或者缺乏直接测量手段的场合。

若被测量必须经过求解联立方程组获得，有若干个被测量 $y_1, y_2, \cdots, y_m$，直接测量值为 $x_1, x_2, \cdots, x_n$，把被测量与测得值之间的函数关系列成方程组，即

$$\begin{cases} x_1 = f_1(y_1, y_2, \cdots, y_m) \\ x_2 = f_2(y_1, y_2, \cdots, y_m) \\ \vdots \\ x_n = f_n(y_1, y_2, \cdots, y_m) \end{cases} \tag{1-2}$$

方程组中方程的个数 n 要大于被测量 y 的个数 m，用最小二乘法求出被测量的数值，这种测量方法称为组合测量。组合测量是一种特殊的精密测量方法，操作手续复杂，花费时间长，多适用于科学实验或特殊场合。

2. 偏差式测量、零位式测量与微差式测量

用仪表指针的位移决定被测量的量值，这种测量方法称为偏差式测量。应用这种方法测量时，仪表刻度事先用标准器具分度。在测量时，输入被测量按照仪表指针在标尺上的示值，决定被测量的数值。偏差式测量过程简单、迅速，但测量结果的精度较低。

用指零仪表的零位反映测量系统的平衡状态，在测量系统平衡时，用已知的标准量决定被测量的量值，这种测量方法称为零位式测量。在零位测量时，标准量直接与被测量相比较，已知标准量连续可调，指零仪表指零时，被测量与已知标准量相等。利用天平测量物体的质量、利用电位差计测量电压都属于零位式测量。零位式测量的优点是可以获得比较高的测量精度，但测量过程比较复杂，费时较长，不适用于测量变化迅速的场合。

微差式测量是综合了偏差式测量与零位式测量的优点而提出的一种测量方法，将被测量与已知的标准量相比较，取得差值后，再用偏差法测得次差值。应用这种方法测量时，不需要调整标准量，而只需测量两者的差值。微差式测量的优点是反应快，而且测量精度高，特别适用于在线控制参数的测量。

3. 等精度测量与不等精度测量

在整个测量过程中，若影响和决定误差大小的全部因素(条件)始终保持不变，如同一个测量，使用同一台仪器，采用同样的方法，在同样的条件下，对同一被测量进行多次重复测量，称为等精度测量。在科学研究或高精度测量中，往往在不同的测量条件下，如不同精度的仪表、不同的测量方法、不同的测量次数或不同的测量者对测量结果进行对比，这种测量称为不等精度测量。

4. 静态测量与动态测量

被测量在测量过程中固定不变或变化非常缓慢的测量称为静态测量。静态测量不需要考虑时间因素对测量的影响。被测量在测量过程随时间变化的测量称为动态测量。

1.1.2　测量系统构成

测量系统通常由被测对象、传感器、变送器、传输通道、信号处理电路及显示装置等环节组成，如图 1-1 所示。

图 1-1　测量系统组成结构框图

传感器是感受被测量(物理量、化学量、生物量等)的大小，并输出相对应的可用输出信号(一般多为电量)的器件或装置。

变送器将传感器输出的信号变换成便于传输和处理的信号，大多数变送器的输出信号是统一的标准信号(目前多为 4～20mA 的直流电流)，信号标准是系统各环节之间的通信协议。

当测量系统的几个功能环节独立地分隔开时，必须由一个环节向另一个环节传输信号，传输环节就是完成这种传输功能的。传输通道将测量系统各环节间的输入、输出连接起来，通常用电缆连接，或用光纤连接来传输数据。

信号处理电路将传感器输出的信号进行处理和变换，如对信号进行滤波、放大、运算、线性化、模/数或数/模转换，使其输出信号便于显示、记录。这种信号处理环节可用于自动控制系统，也可与计算机系统连接，以便对测量信号进行信息处理。

显示装置是将被测量信息变成人的感官能接受的形式，以完成监视、控制或分析的目的。测量结果可以采用模拟显示，也可采用数字显示或图形显示，还可以由记录装置进行自动记录或由打印机将数据打印出来。

1.1.3　自动控制

自动控制是一门理论性及工程实践性均较强的技术学科，把实现这种技术的基础理论称为"自动控制理论"。在工程和科学的发展过程中，自动控制起着越来越重要的作用，已经成为现代工业生产过程中十分重要且不可缺少的组成部分。

自控控制和人工控制的基本原理相同，都是建立在"测量偏差、纠正偏差"的基础上，并且为了纠正偏差而将被控变量传送给控制器形成一种闭环控制模式。在自动控制的过程中，没有人的直接参与，全部由控制装置自动完成。其中，控制器代替了人脑，执行器代替了人手，传感器代替了人的感官，利用控制装置使被控对象自动地按照预定规律运动的一种控制。由被控对象及自动控制装置构成的、能够自动地按照预定要求运行的整体，称为自动控制系统。

为清楚地表示自动控制系统各组成部分的作用及相互关系，一般用原理框图表示控制系统，如图 1-2 所示。

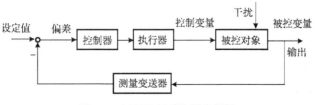

图 1-2　闭环控制系统原理框图

系统原理框图反映了系统中信息传递的基本关系。信号线和箭头表明信号传递方向，方框表示信号发生变换的环节，如控制器、执行器、被控对象、测量变送器、信号综合点等。各环节的功能如下：

(1)控制器是控制系统的核心环节，根据被控变量与设定值的偏差信号或者系统的其他输入信号进行一定的控制运算，产生相应的控制输出信号。

(2)执行器根据控制器提供的控制信号，对被控对象的某个能够影响被控变量的控制变量(操纵变量)进行直接操作。

(3)被控对象是控制系统控制和操作的对象，它的输出量是控制系统的被控变量。

(4)测量变送器或传感器用来测量被控对象的实际参数(如被控变量、干扰量等)，经过信号处理，转换成控制器能接收的信号或输出显示。

(5)信号综合点表示信号的综合方式(如进行信号的相加或者相减)。在反馈控制系统中，测量变送器将被控变量的测量值反馈到控制器的输入端和给定值相比较(相减功能)，比较后得到偏差信号，进行控制运算。

1.2　测控技术与仪器专业的知识结构与课程体系

测控技术与仪器专业是仪器科学与技术学科的本科专业，是研究信息的获取和预处理以及对相关要素进行控制的理论与技术，是电子、光学、精密机械、测量、控制计算机与信息技术多学科互相渗透而形成的一门高新技术密集型综合学科。

测控技术与仪器专业的培养目标为：培养适应现代科技发展和经济建设需要的，具有较扎实的自然科学基础和良好的人文社会科学基础，具有光、机、电、控知识结构和创新精神、实践能力，掌握信息获取与处理技术，在工业自动检测与过程控制、机电一体化仪器与测试装备等方面的从事设计、制造和管理工作的高级专门技术人才。测控技术与仪器专业的培养目标与实现矩阵如表1-1所示。

表1-1　培养标准及实现矩阵

方面	内　　容	培养标准	实现环节或途径
知识	自然科学基础知识	掌握系统的数学、物理和化学等工程科学基础知识	开设微积分(B)等数学类、大学物理(A)等物理类及工科化学等理论及实践课程
	人文社科基础知识	具有丰富宽广的人文科学知识	开设政治思想理论课、体育、军事理论等系列课程构成的必修课程和由人文科学与艺术、社会科学、自然科学等系列课程构成的选修课程
	专业基本理论知识	系统掌握信息检测与自动控制技术方面的专业基础知识	开设传感器原理及应用、自动控制原理、微机原理及接口技术、计算机控制技术等课程
	专业发展现状和前沿知识	了解检测与控制学科的发展动向	开设专业导论、研究方法论等课程
能力	专业基本技能和应用能力	具有较强的计算机应用能力、数据处理与测控系统软硬件开发能力	开设C语言程序设计、机电信号分析、误差理论与数据处理、测控系统设计、电路CAD与仿真、虚拟仪器设计等课程
	综合运用所学理论和技能发现、分析、解决专业相关问题能力	具有现代综合检测与控制系统设计与运用的基本能力	开设微机原理与接口技术综合实践、测控系统综合实践、毕业设计等实践课程
	国际竞争与合作能力	具有跨文化交流，拓展国际视野能力	设置英语教学、双语教学及国际交流与合作培养项目

续表

方面	内　　容	培养标准	实现环节或途径
能力	自主学习和终身学习能力	具有信息获取、知识更新和终身学习的能力	设置自主选修、研究性教学、专题研究
素质	创新意识	具有较强的创新精神	设置设计类实验及实践课程
	职业道德	具备良好的职业道德和强烈的社会责任感	开设就业指导及素质类课程
	人文关怀精神	具备正确的人生观、价值观和健全人格	开设思想政治类及素质类课程

测控技术与仪器专业的知识结构与课程体系结构如图 1-3 所示，分为数学与自然科学基础课程、工程与专业基础课程、专业必修课程、专业特色与选修课程 4 部分。数学与自然科

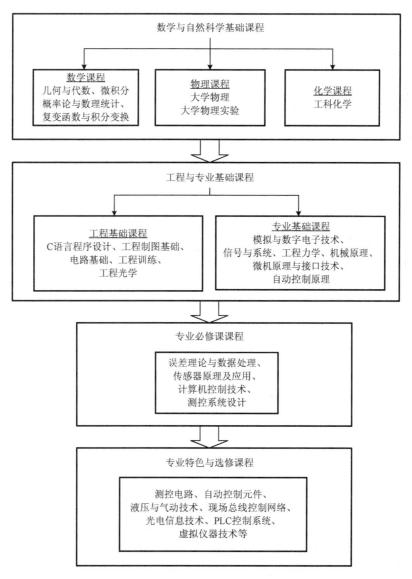

图 1-3　测控技术与仪器专业知识体系结构

学基础课程包括数学、物理和化学课程；工程与专业基础课程包括工程基础课程，如工程制图基础、电路基础、工程训练等课程，专业基础课程如模拟与数字电子技术、信号与系统、机械原理、微机原理与接口技术、自动控制原理等课程；专业必修课、专业特色与选修课程主要是针对检测与控制技术方向的课程。

在测控技术与仪器的课程体系中，实践环节是非常重要的一个组成部分，包括课程内实验和独立的实践环节，实践体系结构框图如图 1-4 所示。对于课程内实验分为专业基础课实验和专业课实验，独立实践环节包括三个综合实践环节和毕业设计。本书针对测控技术与仪器专业的主要专业课程进行了实验内容的编写，如图 1-4 所示。

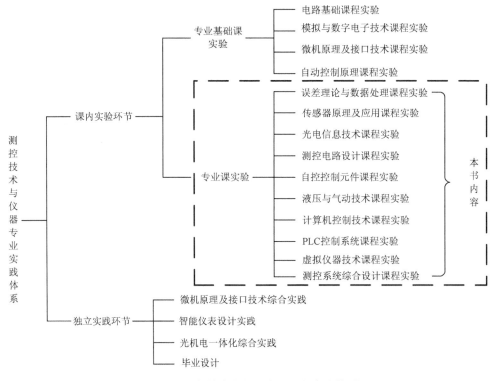

图 1-4　测控技术与仪器专业课程实践体系

1.3　本书主要内容

本书主要以图 1-5 为主线，涵盖了"传感器原理及应用""光电信息技术""虚拟仪器技术""测控电路设计""现场总线技术""计算机控制技术""PLC 控制系统""误差理论与数据处理""自动控制元件""液压与气动技术"和"测控系统设计"等十余门课程实验。

课程实验类型可以分为验证性、综合性和设计性三类。验证性实验是为了培养学生的实验操作、数据处理和计算技能，学生根据实验所获得的数据，通过计算得出结果，与已知结果相比较，得出正确结论或分析产生误差的原因。综合性实验是指实验内容涉及相关的综合知识或运用综合的实验方法、实验手段，对学生的知识、能力、素质形成综合的学习与培养的实验。设计性实验是指学生在教师的指导下，根据给定的实验目的和实验条件，自己设计实验方案、确定实验方法、选择实验器材、拟定实验操作程序，自己加以实现并对实验结果进行分析处理的实验。

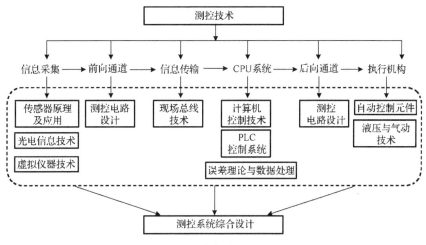

图 1-5　本书编写思路

在本书中，包括验证性、综合性和设计性三种类型实验。对于验证性实验比较简单，而对于综合性和设计性实验要求学生在实验课之前根据实验要求查找资料、设计实验方案、选配实验仪器、拟定实验步骤，在实验阶段完成数据测量，针对实验中的问题进行分析，排除故障，培养分析解决问题的能力，最后写出实验报告。

本书共 11 章，第 1 章介绍了测控技术的基本概念、测控技术与仪器专业的培养目标和课程体系以及本书的主要内容。

第 2 章介绍了误差理论与数据处理的 6 个实验，包括万用电桥测量电阻的误差分析与计算、等精度测量结果的数据处理程序设计、最小二乘法求回归直线方程程序设计、转速测量的误差分析与误差合成、一元线性回归法拟合传感器的特性曲线、组合测量的最小二乘法处理。

第 3 章介绍了传感器原理及应用的 8 个实验，包括金属箔式应变片的应用、差动变压器性能实验、位移传感器特性实验、转速传感器测速实验、光电耦合器的应用、光纤传感器的位移特性实验、集成温度传感器的特性实验、单总线数字式温度传感器 DS18B20 测温实验。

第 4 章介绍了光电信息技术的 5 个实验，包括辐射度学与光度学基础实验、光敏电阻、光敏二极管、光敏三极管、光电池特性实验、PSD 位置传感器实验、热释电红外传感器实验、光纤温度传感系统特性实验。

第 5 章介绍了测控电路设计的 8 个实验，包括可编程增益放大器设计、V/F 转换电路设计、F/V 转换电路设计、窗口比较器设计、峰值检测电路设计、有源滤波电路设计、温度检测系统设计、载重检测系统的设计。

第 6 章介绍了自动控制元件的 4 个实验，包括直流测速发电机性能实验、直流伺服电机静态特性实验、步进电机性能实验、步进电机转速闭环控制实验。

第 7 章介绍了液压与气动技术的 5 个实验，包括液压、气动动力元件和执行元件的拆装、使用维修与故障诊断，液压、气动控制阀的拆装、使用维修与故障诊断，液压系统性能实验，气动系统典型回路实验，气动系统综合实验。

第 8 章介绍了计算机控制技术的 8 个实验，包括基于 Matlab 语言的线性离散系统的 Z 变换分析法、离散控制系统的性能分析(时域/频域)、数字 PID 控制器设计——直流电动机闭环调速实验、最少拍计算机控制系统设计、纯滞后对象的 Dahlin 算法和 Smith 预估控制系统设计、模糊推理系统(FIS)的设计与仿真、基于实际水箱液位模糊控制系统设计、基于组态软件的锅炉液位监控系统设计。

第 9 章介绍了 PLC 控制系统的 5 个实验，包括 PLC 的结构和使用、汽车自动清洗系统设计、十字路口交通信号灯控制、PLC 与 PC 串口通信、步进电机定位运动控制。

第 10 章介绍虚拟仪器技术的 3 个实验，包括基于虚拟仪器的温度检测系统、基于虚拟仪器的测速系统、基于虚拟仪器的数据采集系统。

第 11 章介绍了测控系统综合设计的 3 个综合性实验，这 3 个实验基于测控系统综合实验平台，实验内容来自科研项目，包括基于 485 总线的高速公路收费亭新风控制系统设计、基于单总线的机车轴温监测系统设计、基于 CAN 总线的抢答器系统设计。

第 2 章　误差理论与数据处理

"误差理论与数据处理"课程是测控技术与仪器专业的专业必修课程。本课程的主要任务是培养学生掌握测量和实验误差的基本理论,掌握数据处理的基本知识和基本技能,正确估计被测量的值,科学客观地评价测量结果,并根据测试对象的精度要求,对测试与实验方法进行合理设计。本课程是一门理论性和实践性都很强的课程,是测控技术与仪器专业重要的专业课。本课程通过加强实践环节的训练,着重培养学生的动手能力、计算机应用能力和工程意识,为后续专业课程、实验环节、毕业设计及将来参加实际工作奠定基础。

本章主要介绍了"误差理论与数据处理"课程的 6 个实验,分别为万用电桥测量电阻的误差分析与计算、等精度测量结果的数据处理程序设计、最小二乘法求回归直线方程程序设计、转速测量的误差分析与误差合成、一元线性回归法拟合传感器的特性曲线、组合测量的最小二乘法处理。

2.1　万用电桥测量电阻的误差分析与计算

2.1.1　实验目的

(1) 了解 QS-18A 型万用电桥的结构、原理。
(2) 熟悉用 QS-18A 型万用电桥测量电阻、电容的方法。
(3) 掌握 QS-18A 型万用电桥测量电阻、电容的误差分析与计算。
(4) 培养学生基本测试仪器使用和数据处理方面的专业基本技能。

2.1.2　实验原理

1. 算术平均值

设 $l_1, l_2, \cdots, l_n$ 为 n 次测量所得的值,则算术平均值为

$$\overline{x} = \frac{l_1 + l_2 + \cdots + l_n}{n} = \frac{\sum\limits_{i=1}^{n} l_i}{n} \tag{2-1}$$

2. 残余误差,校核算术平均值

$$v_i = l_i - \overline{x} \tag{2-2}$$

3. 测量列单次测量的标准差

$$\sigma = \sqrt{\frac{v_1^2 + v_2^2 + \cdots + v_n^2}{n-1}} = \sqrt{\frac{\sum\limits_{i=1}^{n} v_i^2}{n-1}} \tag{2-3}$$

4. 判断粗大误差

若发现测量列存在粗大误差，应将含有粗大误差的测得值剔除，然后再按上述步骤重复计算，直至所有测量值皆不包含粗大误差。

5. 判断系统误差

6. 算术平均值的标准差、极限误差

$$\sigma_{\bar{x}} = \sqrt{\frac{\sum v_i^2}{n(n-1)}} \tag{2-4}$$

$$\delta_{\lim\bar{x}} = \pm t\sigma_{\bar{x}} \tag{2-5}$$

7. 测量结果

$$x = \bar{x} + \delta_{\lim\bar{x}} \tag{2-6}$$

2.1.3　实验设备

QS-18A 型万用电桥一台(图 2-1)，2 号干电池六节，9V 积层电池一节，待测电阻、电容若干。

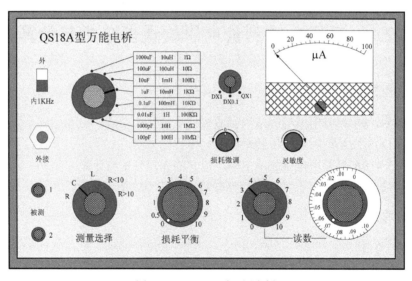

图 2-1　QS-18A 型万用电桥

2.1.4　实验内容

(1)用 QS-18A 型万用电桥测量电阻、电容各 15 次。

(2)全面分析电阻、电容测量中的误差影响因素，对误差进行分析、计算。

(3)计算电阻、电容的测量结果及其精度。

2.1.5　实验步骤

1. 测量电阻

(1)估计被测电阻值的大小，然后旋动量程开关置于适当的量程位置上。

(2)旋动测量选择开关，如果放在 $R \leqslant 10$ 位置时，量程开关应该相应放在 1Ω或 10Ω位置。同理当测量选择开关放在 $R > 10$ 位置时，量程开关相应放在 100Ω～10MΩ位置。

(3)调节电桥"读数"旋钮的第一位步进开关和第二位滑线盘，使电表指针往零方向偏转，将灵敏度开到足够大再调节滑线盘，使电表指针往零方向偏转(电表的读数最小)，此时电桥达到最后平衡。

(4)被测量 R_x = 量程开关指示值×电桥的"读数"值。

2. 测量电容

1)选择量程

(1)把测量选择开关放在 C 位置，损耗倍率开关放在 $D \times 0.01$(一般电容器)或 $D \times 1$(大电解电容器)位置上，损耗平衡旋钮指在 1 左右位置，损耗微调按逆时针旋到底。

(2)把测量开关指在 100pF 位置。

(3)把"读数"的第一步进开关指在"0"位置，第二滑线盘旋到 0.05 左右的位置。

(4)转动灵敏度旋钮，使电表指针约指 30μA 左右的位置。

(5)旋动量程开关由 100pF 开始，1000pF，…，1000μF 逐挡变换其量程，同时观察指示电表的动向，看变到哪一挡量程电表的指示最小，此时量程开关停留不动，再旋动第二位滑线盘使电表指零。

(6)再将灵敏度增大使指针小于满刻度(小于100μA)，分别调节第二位滑线盘和损耗平衡盘使指针指零或近于零，被测量就能粗略地在第二位滑线盘读出，然后可据此选择量程，再根据下面的步骤进行精确测量。

2)精确测量

(1)旋动量程开关放在合适的量程上。

(2)旋动测量选择开关放在 C 的位置，损耗倍率开关放在 $D \times 0.01$(一般电容器)或 $D \times 1$(大电解电容器)位置上，损耗平衡旋钮指在 1 左右位置，损耗微调按逆时针旋到底。

(3)将灵敏度调节逐步增大，使电表指针偏转略小于满刻度即可。

(4)首先调节电桥的"读数盘"，然后调节损耗平衡盘，并观察电表的动向，使电表指零，然后再将灵敏度增大到使指针小于满度，反复调节电桥读数盘和损耗平衡盘，直至灵敏度开到能满足分辨出测量精度的要求，电表仍指零或接近于零，此时电桥便达到最后的平衡。

(5)被测量 C_x = 量程开关指示值×电桥的"读数"值。

2.1.6 实验报告

(1)判断电阻、电容测量列中是否存在系统误差、粗大误差。

(2)计算电阻、电容的测量结果及其精度(包括标准差、极限误差)，完成实验报告。

2.1.7 思考题

(1)试分析电阻、电容测量过程中的系统误差、随机误差因素。

(2)分析最佳测量条件或者减小测量误差的途径与措施。

2.2　等精度测量结果的数据处理程序设计

2.2.1　实验目的

(1) 掌握对等精度测量列测量数据进行误差分析和处理的方法。
(2) 培养通过计算机程序设计处理实验数据的能力。
(3) 培养学生计算机应用与数据处理方面的专业基本技能。

2.2.2　实验原理

1. 算术平均值

设 $l_1, l_2, \cdots, l_n$ 为 n 次测量所得的值，则算术平均值为

$$\overline{x} = \frac{l_1 + l_2 + \cdots + l_n}{n} = \frac{\sum_{i=1}^{n} l_i}{n} \tag{2-7}$$

2. 残余误差，校核算术平均值

$$v_i = l_i - \overline{x} \tag{2-8}$$

3. 测量列单次测量的标准差

$$\sigma = \sqrt{\frac{v_1^2 + v_2^2 + \cdots + v_n^2}{n-1}} = \sqrt{\frac{\sum_{i=1}^{n} v_i^2}{n-1}} \tag{2-9}$$

4. 判断粗大误差

若发现测量列存在粗大误差，应将含有粗大误差的测得值剔除，然后再按上述步骤重复计算，直至所有测量值皆不包含粗大误差。

5. 判断系统误差

6. 算术平均值的标准差、极限误差

$$\sigma_{\overline{x}} = \sqrt{\frac{\sum v_i^2}{n(n-1)}} \tag{2-10}$$

$$\delta_{\lim \overline{x}} = \pm t \sigma_{\overline{x}} \tag{2-11}$$

7. 测量结果

$$x = \overline{x} + \delta_{\lim \overline{x}} \tag{2-12}$$

2.2.3　实验设备

微机一台，C 语言编辑软件一个 (图 2-2)。

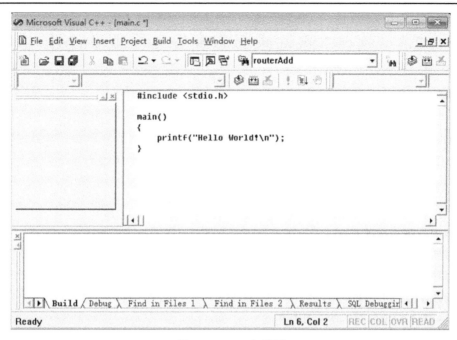

图 2-2　VC++主界面

2.2.4　实验内容

(1)以 2.1 节"万用电桥测量电阻的误差分析与计算"实验中对电阻、电容测量的原始实验数据为处理对象,进行程序设计。对等精度测量列的粗大误差、系统误差进行判断,并给出被测量最可信赖的估计值和估计的精度(用标准差和极限误差表示)。

(2)用 C 语言编程来实现上述方法,并上机调试通过。

2.2.5　实验步骤

(1)调试程序,求测量列算数平均值,单次测得值的标准差。

(2)调试程序,判断测量列中是否含有粗大误差,对含有粗大误差的测量值予以剔除;判断测量列中是否含有系统误差。

(3)调试程序,求出被测量的最佳估计值及精度,得出测量结果。

2.2.6　实验报告

(1)阐述数据处理算法,画出程序流程图。

(2)给出程序调试结果,总结程序调试过程中的心得。

2.2.7　思考题

(1)分析、比较几种粗大误差判断方法的特点、适用范围。

(2)如何利用软件调试工具,提高程序调试效率?

2.3 最小二乘法求回归直线方程程序设计

2.3.1 实验目的

(1)掌握用最小二乘法求回归直线方程的方法。
(2)培养通过计算机程序设计求回归直线方程的能力。
(3)培养学生计算机应用与数据处理方面的专业基本技能。

2.3.2 实验原理

1. 最小二乘法原理

测量结果的最可信赖值应在残余误差平方和(在不等精度测量的情形中应为加权残余误差平方和)为最小的条件下求出。

2. 一元线性回归方程

(1)一元线性回归方程计算过程。

设 $\hat{y} = b_0 + bx$ ，计算过程如下：

$$\overline{x} = \frac{1}{N}\sum_{t=1}^{N} x_t$$

$$\overline{y} = \frac{1}{N}\sum_{t=1}^{N} y_t$$

$$l_{xx} = \sum_{t=1}^{N}(x_t - \overline{x})^2 = \sum_{t=1}^{N} x_t^2 - \frac{1}{N}\left(\sum_{t=1}^{N} x_t\right)^2$$

$$l_{xy} = \sum_{t=1}^{N}(x_t - \overline{x})(y_t - \overline{y}) = \sum_{t=1}^{N} x_t y_t - \frac{1}{N}\left(\sum_{t=1}^{N} x_t\right)\left(\sum_{t=1}^{N} y_t\right)$$

$$l_{yy} = \sum_{t=1}^{N}(y_t - \overline{y})^2 = \sum_{t=1}^{N} y_t^2 - \frac{1}{N}\left(\sum_{t=1}^{N} y_t\right)^2$$

得 $b = \dfrac{l_{xy}}{l_{xx}}$ ， $b_0 = \overline{y} - b\overline{x}$ 。

(2)方差分析及显著性检验。

$$S = \sum_{t=1}^{N}(y_t - \overline{y})^2 = l_{yy}$$

$$U = \sum_{t=1}^{N}(\hat{y}_t - \overline{y})^2 = \sum_{t=1}^{N}(b_0 + bx_t - b_0 - b\overline{x})^2$$

$$= b^2\sum_{t=1}^{N}(x_t - \overline{x})^2 = b\sum_{t=1}^{N}(x_t - \overline{x})(\hat{y}_t - \overline{y}) = bl_{xy}$$

$$Q = \sum_{t=1}^{N}(y_t - \hat{y}_t)^2 = S - U = l_{yy} - bl_{xy}$$

对应的自由度分别为

$$v_S = N-1, \quad v_Q = N-2, \quad v_U = 1$$

一个回归方程是否显著，也就是 y 与 x 的线性关系是否密切，取决于 U 及 Q 的大小，U 越大 Q 越小说明 y 与 x 的线性关系越密切。

计算 $F = \dfrac{U/1}{Q/(N-2)}$。

查表得 $F_\alpha(1, N-2)$：

若 $F \geq F_{0.01(1,N-2)}$，则认为回归是高度显著的（或称在 0.01 水平上显著）；

若 $F_{0.05(1,N-2)} \leq F < F_{0.01(1,N-2)}$，则称回归是显著的（或称在 0.05 水平上显著）；

若 $F_{0.10(1,N-2)} \leq F < F_{0.05(1,N-2)}$，则称回归在 0.1 水平上显著；

若 $F < F_{0.10(1,N-2)}$，认为回归不显著，y 对 x 的线性关系不密切。

2.3.3　实验设备

微机一台，C 语言编辑软件一个(图 2-2)。

2.3.4　实验内容

(1)测量某导线在一定温度 x 下的电阻值 y 得到如下结果(设 x 的观测值无误差)，如表 2-1 所示。设计 C 语言算法，利用最小二乘法求"阻值—温度"的一元线性回归直线方程，并设计方差分析和显著性检验的方法。

表 2-1　某导线在一定温度 x 下的电阻值 y

x/℃	19.1	25.0	30.1	36.0	40.0	46.5	50.0
y/Ω	76.30	77.80	79.75	80.80	82.35	83.90	85.10

(2)用 C 语言编程来实现上述方法，并上机调试通过。

2.3.5　实验步骤

(1)调试程序，建立一元线性回归模型，确定一元线性回归方程的系数。

(2)调试程序，对一元线性回归方程进行方差分析和显著性检验。

2.3.6　实验报告

(1)阐述求一元线性回归方程系数以及进行方差分析和显著性检验的算法，画出程序流程图。

(2)给出程序调试结果，总结程序调试过程中的心得。

2.3.7　思考题

(1)分析如何提高回归方程的稳定性。

(2)如何利用软件调试工具，提高程序调试效率？

2.4　转速测量的误差分析与误差合成

2.4.1　实验目的

（1）了解函数误差计算与误差合成的应用。
（2）熟悉利用单片机系统，通过光电转速传感器测量电机转速的方法。
（3）掌握转速测量中的误差分析与误差合成计算。
（4）培养学生数据处理及分析专业问题的能力。

2.4.2　实验原理

1. 光电转速传感器工作原理

光电转速传感器的结构示意图如图 2-3 所示。它由开孔圆盘、光源、光敏元件及缝隙板等组成。开孔圆盘的输入轴与被测轴连接，光源发出的光，通过开孔圆盘和缝隙板照射到光敏元件上被接收，将光信号变换为电信号输出。开孔圆盘上有许多小孔，开孔圆盘旋转一周，光敏元件输出的电脉冲的个数等于圆盘的开孔数，因此，可通过测量光敏元件输出的脉冲频率，获得被测转速，即

$$n = 60\frac{f}{N} \tag{2-13}$$

式中，n 为转速；f 为脉冲频率；N 为圆盘开孔数。

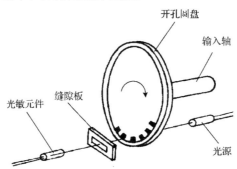

图 2-3　光电转速传感器结构示意图

2. 单片机测量系统组成框图

单片机测量系统组成框图如图 2-4 所示。转速传感器输出的脉冲信号，经信号调理电路滤波、整形后送入单片机的 T_1 计数器，单片机系统工作于测频方式，经信号检测、处理、运算后得到直流电机转速值并进行存储、显示。

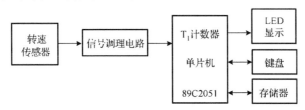

图 2-4　单片机测量系统组成框图

2.4.3　实验设备

电机测速试验台(图 2-5)。

图 2-5　电机测速试验台

2.4.4　实验内容

(1)搭建单片机测量系统,利用光电转速传感器、调理电路将电机转速信号转换为标准频率信号,由单片机检测、运算,得到直流电机转速信号。

(2)全面分析、计算转速测量的各项误差分量。

(3)计算被测转速的最佳估计值,并合成转速测量的精度。

2.4.5　实验步骤

(1)构建如图 2-4 所示的测量系统。

(2)由单片机系统测量光电转速传感器输出的脉冲信号频率。

(3)根据式(2-13)计算电机转速,并进行误差分析与误差合成。

2.4.6　实验报告

(1)根据各误差因素对转速误差的影响程度,求得各个误差传递函数,计算各因素所引起的误差值,最后合成总误差。

(2)求最后测量结果,包括被测转速的最佳估计值及精度。

2.4.7　思考题

(1)如何减小±1 误差,提高转速测量精度?

(2)如何减小标准频率误差,提高转速测量精度?

2.5　一元线性回归法拟合传感器的特性曲线

2.5.1　实验目的

(1)了解直流测速发电机的工作原理、输出电压和转速的关系曲线(输出特性曲线)。

(2)了解测速发电机输出特性曲线的非线性修正方法。

(3)掌握一元线性回归直线拟合的方法。

(4)培养学生对专业知识的基本运用能力和数据处理能力。

2.5.2　实验原理

1. 直流测速发电机的工作原理

图 2-6 所示为永磁式直流测速发电机的结构原理图。它由永久磁铁、旋转线圈、整流子和电刷等组成，旋转线圈有许多个(图中仅绘出了一个)，相应的整流子为旋转线圈个数的两倍，电刷与整流子实现滑动的电接触，以便将发电机旋转时产生的电压向外引出。

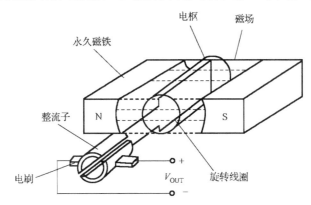

图 2-6　永磁式直流测速发电机结构原理图

根据电磁感应定律，任何一个线圈在永久磁铁构成的磁感应强度按正弦规律分布的磁场中旋转时，感应电压随转角的变化也呈正弦变化。这样，在恒速下电压是正弦变化的。由于旋转线圈和整流子相连接，所以起到整流的作用，使输出的电压成为脉动直流电压，因为许多个旋转线圈所产生的电压为相位不同的正弦电压，而每一个旋转线圈又是均匀地分布在电枢上，所以，从电刷输出的电压基本上是直流电压，其交流纹波仅有 2%～3%。

当直流测速发电机空载工作时，由于励磁磁通主要由永久磁铁提供，可认为是恒定的，所以，发电机输出电压与电枢的转速成正比，即

$$V_{\text{OUT}} = K \cdot \omega \tag{2-14}$$

式中，K 为比例系数；ω 为角速度。

因此，可根据测得的输出电压大小，得知被测转速。

当直流测速发电机有负载时，电枢中的旋转线圈便会产生电流，该电流产生的磁通与永久磁铁的励磁磁通相互作用，便削弱了励磁磁通，破坏了输出电压与转速的线性度，使发电机的输出特性产生误差。为了提高直流测速发电机的测速精度，应尽可能使测速发电机在低负载下工作，即工作在转速变化范围小而负载电阻较大的场合。

2. 测量系统组成框图

测量系统组成框图如图 2-7 所示。霍尔测速传感器输出的脉冲信号，经信号调理电路滤波、整形后送入单片机的 T_1 计数器，单片机系统工作于测频方式，经信号检测、处理、运算后得到直流电机转速值并进行存储、显示。利用万用表测量测速发电机的输出电压值。

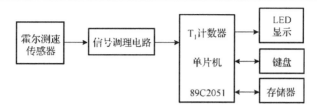

图 2-7 测量系统组成框图

2.5.3 实验设备

直流测速发电机试验台(图 2-8)。

图 2-8 直流测速发电机试验台

2.5.4 实验内容

利用直流电机、测速发电机和霍尔传感器组成测量系统,测量测速发电机的工作转速和输出电压,然后按照一元线性回归法,求出测速发电机输出电压和转速的回归方程,并判断回归方程的显著性。

2.5.5 实验步骤

(1)构建如图 2-7 所示的测量系统。

(2)将直流电机两端接入 0~24V DC 工作电压,调整电压值使直流电机稳定在某一转速。

(3)电机转速稳定后,测量并记录测速发电机的转速及输出电压。

(4)测量完成后,调整直流电机工作电压 Y 以改变电机转速 X,重复步骤(3),在表 2-2 中记录 10 组数据。

(5)将数据填入表 2-2,根据所测得的结果,找出测速发电机输出电压和转速之间的内在关系。

表 2-2 测速发电机转速与输出电压记录表

X/(r/min)					
Y/mV					
X/(r/min)					
Y/mV					

2.5.6 实验报告

(1)按照一元线性回归法，求 Y 对 X 的线性回归方程。
(2)对回归方程进行方差分析和显著性检验。
(3)将传感器试验曲线与回归曲线同时绘制在一个坐标图上。

2.5.7 思考题

(1)分析实验数据不在同一直线(拟合直线)上的原因。
(2)观察测量数据间是否存在非线性因素的影响，分析其产生的原因，并提出提高回归分析精度的主要途径与措施。

2.6 组合测量的最小二乘法处理

2.6.1 实验目的

(1)了解组合测量的意义及方法。
(2)掌握组合测量的数据处理过程及其误差处理的特点。
(3)掌握 LabVIEW 软件在误差处理方面的应用技术。
(4)培养学生对专业知识的基本运用能力和数据处理能力。

2.6.2 实验原理

1. 组合测量方法及特点

组合测量是通过直接测量待测参数的各种组合量，然后采用最小二乘法对这些测量数据进行处理，从而求得待测参数的估计量，并给出精度估计。它是最小二乘法在精密测试中的重要应用，有利于减小随机误差的影响，提高测量精度。

设组合测量方程(一般是等精度测量)为

$$\begin{cases} y_1 = a_{11}x_1 + a_{12}x_2 + \cdots + a_{1t}x_t \\ y_2 = a_{21}x_1 + a_{22}x_2 + \cdots + a_{2t}x_t \\ \quad\quad\quad\quad \vdots \\ y_n = a_{n1}x_1 + a_{n2}x_2 + \cdots + a_{nt}x_t \end{cases} \tag{2-15}$$

式中，$y_1, y_2, \cdots, y_n$ 为组合量测得值，$x_1, x_2, \cdots, x_t$ 是待估计量。

根据最小二乘法的矩阵形式，可以得到估计值：

$$\hat{X} = \begin{pmatrix} x_1 \\ x_2 \\ \vdots \\ x_t \end{pmatrix} = C^{-1}A^{\mathrm{T}}Y \tag{2-16}$$

式中，

$$A = \begin{pmatrix} a_{11} & a_{12} & \cdots & a_{1t} \\ a_{21} & a_{22} & \cdots & a_{2t} \\ & & \vdots & \\ a_{n1} & a_{n2} & \cdots & a_{nt} \end{pmatrix}, \quad Y = \begin{pmatrix} y_1 \\ y_2 \\ \vdots \\ y_n \end{pmatrix}, \quad C^{-1} = (A^T A)^{-1} = \begin{pmatrix} d_{11} & d_{12} & \cdots & d_{1t} \\ d_{21} & d_{22} & \cdots & d_{2t} \\ & & \vdots & \\ d_{t1} & d_{t2} & \cdots & d_{tt} \end{pmatrix}$$

并且得估计值的标准差：

$$\sigma_{x1} = \sigma\sqrt{d_{11}}, \sigma_{x2} = \sigma\sqrt{d_{22}}, \cdots, \sigma_{xt} = \sigma\sqrt{d_{tt}} \tag{2-17}$$

式中，$\sigma = \sqrt{\dfrac{\sum\limits_{i=1}^{n} v_i^2}{n-t}}$，是直接测量所得测量数据的精度。

2. LabVIEW 简介

虚拟仪器(简称 VI)是一种全新的仪器概念，在自动化检测领域的应用正方兴未艾。NI 公司的实验室虚拟仪器工程工作平台 LabVIEW 是科学家和工程师进行虚拟仪器应用开发的首选工作平台。

LabVIEW 是一个基于 G(Graphic)语言的图形编程开发环境，包括前面板、框图程序和图标连接器三个部分。前面板主要用于设置输入量和观察输出量，模拟真实仪器的前面板；每一个前面板都有相应的框图程序相对应，框图程序用图形编程语言编写，可以把它理解成传统程序的源代码；框图中的部件都用连线连接，以定义框图内数据的流动方向。

2.6.3　实验设备

电阻值不同的电阻三只；配有 LabVIEW 软件的计算机一台；万用表两只(一只高精度表，一只普通表)。

2.6.4　实验内容

(1)用普通万用表分别测量三个电阻的电阻值，并与高精度万用表的测量值相比较。

(2)采用组合测量方法测得三只电阻的电阻值，看其经最小二乘法处理后精度是否有所提高。

(3)基于 LabVIEW 语言编写组合测量数据处理和精度估计程序。

2.6.5　实验步骤

(1)设三只被测电阻分别为 x_1、x_2、x_3。先用普通万用表测得组合量值，记入表 2-3 中。

表 2-3　电阻组合量的万用表测量值

组合量	x_1	x_2	x_3	$x_1 + x_2$	$x_2 + x_3$	$x_1 + x_2 + x_3$
测量值						

(2)用最小二乘法求各电阻测量的估计值及其精度，用 LabVIEW 编写、调试程序。图 2-9 所示为组合测量数据处理框图程序，图 2-10 所示为组合测量数据处理显示界面，可供参考。

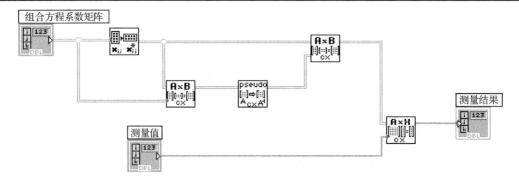

图 2-9　组合测量数据处理框图程序

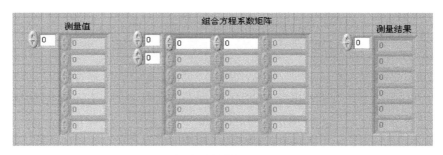

图 2-10　组合测量数据处理显示界面

(3)用高精度万用表对三只电阻进行直接测量，测得 x_1、x_2、x_3 的值。

2.6.6　实验报告

(1)阐述组合测量数据处理算法，画出程序流程图。
(2)记录用高精度万用表进行直接测量、组合测量的测量数据。
(3)给出程序运行结果。

2.6.7　思考题

(1)用普通万用表测得的三个电阻值，经最小二乘法处理后其精度提高了吗？
(2)组合测量在实际应用中有什么意义？

第 3 章　传感器原理及应用

"传感器原理及应用"课程是测控技术与仪器专业的必修专业课程,是非常典型的一门理论与应用相结合的课程。本课程的主要任务是使学生了解传感器技术的发展概况,了解检测技术的基本概念和基本理论,了解传感器的一般特性,包括静态特性和动态特性。掌握传感器的定义、分类,重点掌握各种常用传感器的工作原理和应用,以及在具体被测环境下选取合适的传感器的基本方法。本课程通过加强实践环节的训练,着重培养学生的动手能力、应用能力和工程意识,使学生掌握一种解决实际问题的手段,为后续课程、毕业设计及将来参加工作奠定基础。

本章主要介绍了"传感器原理及应用"课程的 8 个传感器实验,分别为金属箔式应变片的应用、差动变压器性能实验、位移测量、转速测量、光电耦合器的应用、光纤传感器、集成温度传感器和单总线式数字温度传感器测温实验。

3.1　金属箔式应变片的应用

3.1.1　单臂电桥性能实验

1. 实验目的

(1)了解金属箔式应变片的应变效应。

(2)掌握单臂电桥工作原理和性能。

(3)掌握硬件电路连接和数据处理方面的专业基本技能。

2. 实验原理

电阻丝在外力作用下发生机械变形时,电阻值发生变化,这就是电阻应变效应,描述电阻应变效应的关系式为

$$\frac{\Delta R}{R} = K\varepsilon$$

式中,$\Delta R / R$ 为电阻丝电阻相对变化,K 为应变灵敏系数,$\varepsilon = \Delta l / l$ 为电阻丝长度相对变化,金属箔式应变片就是通过光刻、腐蚀等工艺制成的应变敏感元件,通过它转换被测部位受力状态变化、电桥的作用完成电阻到电压的比例变化,电桥的输出电压反映了相应的受力状态,对单臂电桥输出电压 $U_{o1} = EK\varepsilon / 4$,其中 E 为电桥供电电压。

3. 实验设备

应变式传感器实验模板、应变式传感器、砝码、数显表、±15V 电源、±4V 电源、万用表。

4. 实验内容与步骤

(1)根据图 3-1 将应变式传感器装于应变传感器模板上。传感器中各应变片已接入模板左

上方的 R_1、R_2、R_3、R_4。加热丝也接于模板上，可用万用表进行测量判别，$R_1 = R_2 = R_3 = R_4 = 350\Omega$，加热丝阻值为 50Ω左右。

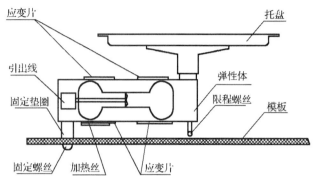

图 3-1　应变式传感器安装示意图

(2)接入模板电源±15V(从主控台引入)，检查无误后，合上主控台电源开关，将实验模板调节增益电位器 R_{W3} 顺时针调节大致到中间位置，再进行差动放大器调零，方法为将差放的正负输入端与地短接，输出端与主控台面板上数显表输入端 V_i 相连，调节实验模板上调零电位器 R_{W4}，使数显表显示为零(数显表的切换开关打到 2V 挡)。关闭主控箱电源(注意：R_{W3}、R_{W4} 的位置一旦确定，就不能改变。一直到做完 3.1.3 节实验)。

(3)将应变式传感器的其中一个电阻应变片 R_1(即模板左上方的 R_1)接入电桥作为一个桥臂与 R_5、R_6、R_7 接成直流电桥(R_5、R_6、R_7 模块内已接好)，接好电桥调零电位器 R_{W1}，接上桥路电源±4V (从主控台引入)如图 3-2 所示。检查接线无误后，合上主控台电源开关。调节 R_{W1}，使数显表显示为零。

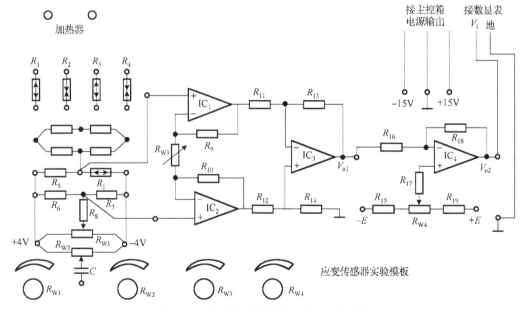

图 3-2　应变式传感器单臂电桥实验接线图

(4)在电子称上放置一只砝码,读取数显表数值,依次增加砝码和读取相应的数显表值,直到 200g(或 500g)砝码加完。记下实验结果填入表 3-1,关闭电源。

表 3-1　单臂桥测量时输出电压与加负载重量值

重量/g										
电压/mV										

(5)根据表 3-1 计算系统灵敏度 $S = \Delta U / \Delta W$(ΔU 输出电压变化量,ΔW 重量变化量)和非线性误差 $\delta_{f1} = \Delta m / y_{F \cdot S} \times 100\%$。式中,$\Delta m$ 为输出值(多次测量时为平均值)与拟合直线的最大偏差,$y_{F \cdot S}$ 满量程输出平均值,此处为 200g(或 500g)。

5. 思考题

采用单臂电桥时,作为桥臂电阻应变片应选用以下哪种?

(1)正(受拉)应变片; (2)负(受压)应变片; (3)正、负应变片均可以。

3.1.2　半桥性能实验

1. 实验目的

(1)加深了解金属箔式应变片的应变效应。

(2)掌握半臂电桥工作原理和性能。

(3)比较半桥与单臂电桥的不同性能和特点。

(4)掌握硬件电路连接和数据处理方面的专业基本技能。

2. 实验原理

不同受力方向的两只应变片接入电桥作为邻边,电桥输出灵敏度提高,非线性得到改善。当应变片阻值和应变量相同时,其桥路输出电压 $U_{o2} = EK\varepsilon / 2$。

3. 实验设备

应变式传感器实验模板、应变式传感器、砝码、数显表、±15V 电源、±4V 电源、万用表。

4. 实验内容与步骤

(1)根据图 3-1 将应变式传感器装于应变传感器模板上。传感器中各应变片已接入模板左上方的 R_1、R_2、R_3、R_4。加热丝也接于模板上,可用万用表进行测量判别,$R_1 = R_2 = R_3 = R_4 = 350\Omega$,加热丝阻值为 50Ω 左右。

(2)接入模板电源±15V(从主控台引入),检查无误后,合上主控台电源开关,将实验模板调节增益电位器 R_{W3} 顺时针调节大致到中间位置,再进行差动放大器调零,方法为将差动放大器的正负输入端与地短接,输出端与主控台面板上数显表输入端 V_i 相连,调节实验模板上调零电位器 R_{W4},使数显表显示为零(数显表的切换开关打到 2V 挡)。关闭主控箱电源(注意:R_{W3}、R_{W4} 的位置一旦确定,就不能改变。直到做完 3.1.3 节实验)。

(3)根据图 3-3 接线。R_1、R_2 为实验模板左上方的应变片,注意 R_2 应和 R_1 受力状态相反,即将传感器中两片受力相反(一片受拉、一片受压)的电阻应变片作为电桥的相邻边。接入桥路电源±4V,调节电桥调零电位器 R_{W1} 进行桥路调零,实验步骤(2)、(3)同 3.1.1 节实验中步骤(2)、(3),将实验数据记入表 3-2,计算灵敏度 $S_2 = \Delta U / \Delta W$,非线性误差 δ_{f2}。若实验时无数值显示说明 R_2 与 R_1 为相同受力状态应变片,应更换另一个应变片。

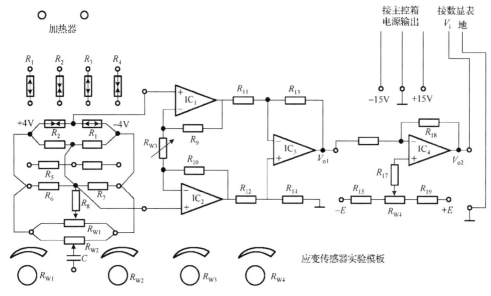

图 3-3　应变式传感器半桥实验接线图

表 3-2　半桥测量时输出电压与加负载重量值

重量/g									
电压/mV									

5. 思考题

半桥测量时两片不同受力状态的电阻应变片接入电桥时，应放在哪边？（1）对边；（2）邻边。

3.1.3　全桥性能实验

1. 实验目的

（1）了解金属箔式应变片的应变效应。

（2）掌握全桥工作原理和性能。

（3）比较并总结三种测量电路输出时的灵敏度和非线性度。

（4）掌握硬件电路连接和数据处理方面的专业基本技能。

2. 实验原理

全桥测量电路中，将受力性质相同的两应变片接入电桥对边，当应变片初始阻值：$R_1 = R_2 = R_3 = R_4$，其变化值 $\Delta R_1 = \Delta R_2 = \Delta R_3 = \Delta R_4$ 时，其桥路输出电压 $U_{o3} = KE\varepsilon$。其输出灵敏度比半桥又提高了一倍，非线性误差和温度误差均得到改善。

3. 实验设备

应变式传感器实验模板、应变式传感器、砝码、数显表、±15V 电源、±4V 电源、万用表。

4. 实验内容与步骤

（1）根据图 3-1 将应变式传感器装于应变传感器模板上。传感器中各应变片已接入模板的

左上方的 R_1、R_2、R_3、R_4。加热丝也接于模板上，可用万用表进行测量判别，$R_1 = R_2 = R_3 = R_4 = 350\Omega$，加热丝阻值为 50Ω 左右。

（2）接入模板电源 ±15V（从主控台引入），检查无误后，合上主控台电源开关，将实验模板调节增益电位器 R_{W3} 顺时针调节大致到中间位置，再进行差动放大器调零，方法为将差放的正负输入端与地短接，输出端与主控台面板上数显表输入端 V_i 相连，调节实验模板上调零电位器 R_{W4}，使数显表显示为零（数显表的切换开关打到 2V 挡）。关闭主控箱电源（注意：R_{W3}、R_{W4} 的位置一旦确定，就不能改变。直到做完本实验）。

（3）根据图 3-4 接线。R_1、R_2、R_3、R_4 为实验模板左上方的应变片，注意 R_2 应和 R_1 受力状态相反，R_3 应和 R_4 受力状态相反即将传感器中两片受力相反（一片受拉、一片受压）的电阻应变片作为电桥的相邻边。接入桥路电源 ±4V，调节电桥调零电位器 R_{W1} 进行桥路调零，实验方法同单臂电桥实验中步骤（2）、（3），将实验数据记入表 3-3 中，计算灵敏度 $S_3 = \Delta U / \Delta W$，非线性误差 δ_{f3}。若实验时无数值显示说明 R_2 与 R_1 为相同受力状态应变片，应更换另一个应变片。

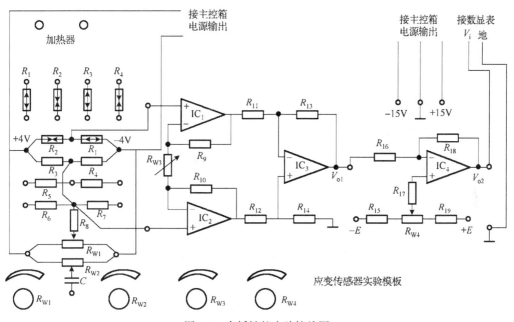

图 3-4　全桥性能实验接线图

表 3-3　全桥测量时输出电压与加负载重量值

重量/g								
电压/mV								

5. 思考题

全桥测量中，当两组对边（R_1、R_3 为对边）电阻值 R 相同时，即 $R_1 = R_3$，$R_2 = R_4$，而 $R_1 \neq R_2$ 时，是否可以组成全桥？（1）可以；（2）不可以。

3.2　差动变压器性能实验

3.2.1　实验目的

(1)了解差动变压器的工作原理和特性。
(2)掌握差动变压器的应用。
(3)培养学生使用基本测试仪器的专业技能。

3.2.2　实验原理

　　差动变压器由一只初级线圈和二只次级线圈及一个铁心组成，根据内外层排列不同，有二段式和三段式，本实验采用三段式结构。当传感器随着被测体移动时，由于初级线圈和次级线圈之间的互感发生变化促使次级线圈感应电势产生变化，一只次级感应电势增加，另一只感应电势则减少，将两只次级反向串接(同名端连接)，就引出差动电势输出。其输出电势反映出被测体的移动量。

3.2.3　实验设备

　　差动变压器实验模板、测微头、双踪示波器、差动变压器、音频信号源、直流电源(音频振荡器)、万用表。

3.2.4　实验内容和步骤

　　(1)如图 3-5 所示，将差动变压器装在差动变压器实验模板上。

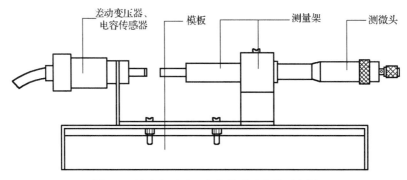

图 3-5　差动变压器、电容传感器安装示意图

　　(2)在模块上按图 3-6 接线，音频振荡器信号必须从主控箱中的 Lv 端子输出，调节音频振荡器的频率，输出频率为 4~5kHz(可用主控箱的频率表输入 Fin 来监测)。调节输出幅度为峰-峰值 $V_{p-p}=2V$(可用示波器监测：X 轴为 0.2ms/div)。图 3-6 中 1、2、3、4、5、6 为连接线插座的编号。接线时，航空插头上的号码与之对应。当然不看插孔号码，也可以判别初次级线圈及次级同名端。判别初次级线图及次级线圈同中端方法如下：设任一线圈为初级线圈，并设另外两个线圈的任一端为同名端，按图 3-6 接线。当铁心左、右移动时，观察示波器中显示的初级线圈波形，次级线圈波形，当次级线圈波形输出幅度值变化很大，基本上能

过零点，而且相应与初级线圈波形(Lv 音频信号 $V_{\text{p-p}} = 2\text{V}$ 波形)比较同相或反相变化时，说明已连接的初、次级线圈及同名端是正确的，否则继续改变连接再判别，直到正确。图 3-6 中(1)、(2)、(3)、(4)为实验模块中的插孔编号。

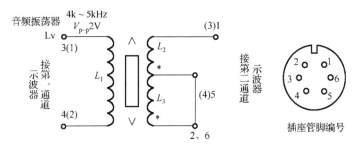

图 3-6　双踪示波器与差动变压器连接示意图

(3)旋动测微头，使示波器第二通道显示的波形峰-峰值 $V_{\text{p-p}}$ 为最小，这时可以左右位移，假设其中一个方向为正位移，另一个方向称为负位移，从 $V_{\text{p-p}}$ 最小开始旋动测微头，每隔 0.2mm 从示波器上读出输出电压 $V_{\text{p-p}}$ 值，填入表 3-4，再从 $V_{\text{p-p}}$ 最小处反向位移做实验，在实验过程中，注意左、右位移时，初、次级波形的相位关系。

(4)实验过程中注意差动变压器输出的最小值即为差动变压器的零点残余电压大小。根据表 3-4 画出 $V_{\text{p-p}}$-X 曲线，作出量程为 ±1mm、±3mm 灵敏度和非线性误差。

表 3-4　差动变压器位移 X 值与输出电压数据表

X/mm										
$V_{\text{p-p}}$ /mV										

3.2.5　思考题

(1)试分析差动变压器与一般电源变压器的异同。

(2)什么是差动变压器的残余电压？如何进行消除？

3.3　位移传感器特性实验

3.3.1　电容式传感器的位移特性实验

1. 实验目的

(1)了解电容式传感器结构及其特点。

(2)掌握电容式传感器测量位移的方法。

(3)培养学生设计电路、数据处理及分析专业问题的能力。

2. 实验原理

利用平板电容 $C = \varepsilon A / d$ 和其他结构的关系式通过相应的结构和测量电路可以选择 ε、A、d 中三个参数中，保持二个参数不变，而只改变其中一个参数，则可以有测谷物干燥度(变 ε)、测微小位移(变 d)和测量液位(变 A)等多种电容传感器。

3．实验设备

电容传感器、电容传感器实验模板、测微头、相敏检波、滤波模板、数显单元、直流稳压源。

4．实验内容与步骤

(1)按图 3-7 接线示意图将电容传感器装于电容传感器实验模板上，判别 C_{X1} 和 C_{X2} 时，注意动极板接地，接法正确则动极板左右移动时，有正、负输出。不然得调换接头。一般接线方法是：两个静片分别是 1 号和 2 号引线，动极板为 3 号引线。

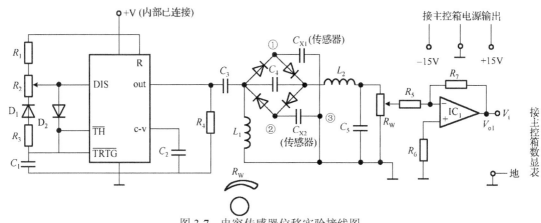

图 3-7　电容传感器位移实验接线图

(2)将电容传感器电容 C_1 和 C_2 的静片接线分别插入电容传感器实验模板 C_{X1}、C_{X2} 插孔上，动极板连线接地半连接地插孔(图 3-7)。

(3)将电容传感器实验模板的输出端 V_{o1} 与数显表单元 V_i 相接(插入主控箱 V_i 孔)，R_W 调节到中间位置。

(4)接入±15V 电源，旋动测微头推进电容器传感器动极板位置，每间隔 0.2mm 记下位移 X 与输出电压值，填入表 3-5。

表 3-5　电容传感器位移与输出电压值数据表

X/mm											
V_{o1}/mV											

(5)根据表 3-5 数据计算电容传感器的系统灵敏度 S 和非线性误差 δ_f。

5．思考题

试设计利用 ε 的变化测谷物湿度的传感器，要求叙述原理及在设计中应考虑的因素；画出结构简图。

3.3.2　直流激励时霍尔式传感器位移特性实验

1．实验目的

(1)了解霍尔式传感器工作原理及应用。

(2)掌握霍尔式传感器测量位移的方法。

(3)培养学生设计电路、数据处理及分析专业问题的能力。

2. 实验原理

根据霍尔效应，霍尔电势 $U_H = K_H IB$，当霍尔元件处在梯度磁场中运动时，它就可以进行位移测量。

3. 实验设备

霍尔传感器实验模板、霍尔传感器、直流源、测微头、数显单元。

4. 实验方法与要求

(1)将霍尔传感器按图 3-8 安装。霍尔传感器与实验模板的连接按图 3-9 进行。1 和 3 为电源±4V，2 和 4 为输出。

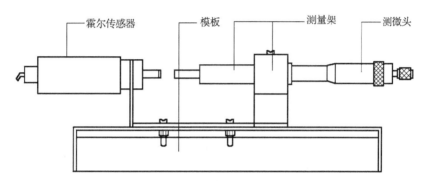

图 3-8　霍尔传感器安装示意图

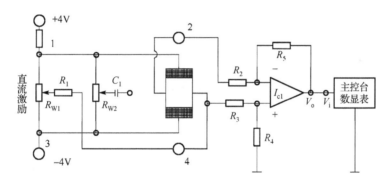

图 3-9　霍尔传感器位移——直流激励实验接线图

(2)开启电源，调节测微头使霍尔片在磁钢中间位置再调节 R_{W1} 使数显表指示为零。

(3)微头向轴向方向推进，每转动 0.2mm 记下一个读数，直到读数近似不变，将读数填入表 3-6。作出 V_o-X 曲线，计算不同线性范围时的灵敏度和非线性误差。

表 3-6　位移与输出电压数据表

X/mm											
V_o/mV											

5. 思考题

本实验中霍尔元件位移的线性度实际上反映的是什么量的变化？

3.3.3 电涡流传感器位移特性实验

1．实验目的

(1)了解电涡流传感器测量位移的工作原理和特性。

(2)培养学生运用所学理论分析专业相关问题的能力。

2．实验原理

通过高频电流的线圈产生磁场，当有导电体接近时，因导电体涡流效应产生涡流损耗，而涡流损耗与导电体离线圈的距离有关，因此可以进行位移测量。

3．实验设备

电涡流传感器实验模板、电涡流传感器、直流电源、数显单元、测微头、铁圆片。

4．实验内容与步骤

(1)根据图 3-10 安装电涡流传感器，观察传感器结构，这是一个平绕线圈。

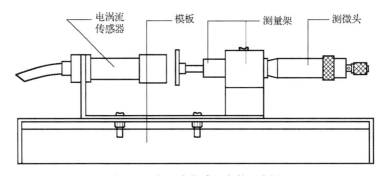

图 3-10　电涡流传感器安装示意图

(2)根据图 3-11 将电涡流传感器输出线接入实验模板上标有 *L* 的两端插孔中，作为振荡器的一个元件。

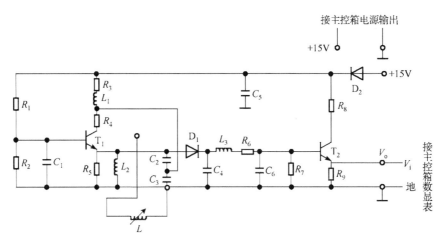

图 3-11　电涡流传感器位移实验接线图

(3)在测微头端部装上铁质金属圆片，作为电涡流传感器的被测体。

(4)将实验模板输出端 V_o 与数显单元输入端 V_i 相接。数显表量程切换开关选择电压 20V 挡。

(5)用连接导线从主控台接入 15V 直流电源接到模板上标有+15V 的插孔中。

(6)使测微头与传感器线圈端部接触,开启主控箱电源开关,记下数显表读数,然后每隔 0.2mm 读一个数,直到输出几乎不变。将结果列入表 3-7。

表 3-7 电涡流传感器位移 X 与输出电压 V_o 数据表

X/mm											
V_o/V											

(7)根据表 3-7 数据,画出 V_o-X 曲线,根据曲线找出线性区域及进行正、负位移测量时的最佳工作点,试计算量程为 1mm、3 mm 及 5mm 时的灵敏度和线性度(可以用端基法或其他拟合直线)。

(8)将铁质圆片换成铝质和铜质圆片。

(9)重复进行被测体为铝质圆片和铜质圆片时的位移特性实验,将实验数据分别记入表 3-8 和表 3-9。

表 3-8 被测体为铝质圆片时的位移与输出电压数据表

X/mm											
V_o/V											

表 3-9 被测体为铜质圆片时的位移与输出电压数据表

X/mm											
V_o/V											

5. 思考题

(1)试比较三种不同的被测体材料,对电涡流传感器性能有何影响。

(2)电涡流传感器的量程与哪些因素有关?如果需要测量±5mm 的量程应如何设计传感器?

(3)用电涡流传感器进行非接触位移测量时,如何根据量程选用传感器?

3.4 转速传感器测速实验

3.4.1 霍尔测速实验

1. 实验目的

(1)掌握霍尔传感器的原理和特性。

(2)了解霍尔转速传感器的应用。

(3)培养学生进行测控系统设计的能力。

2. 实验原理

利用霍尔效应表达式:$U_\mathrm{H} = K_\mathrm{H} I B$,当被测圆盘上装上 N 只磁性体时,圆盘每转一周磁

场就变化 N 次。每转一周霍尔电势就同频率相应变化，输出电势通过放大、整形和计数电路就可以测量被测旋转物的转速。

3. 实验设备

霍尔转速传感器、直流源+5V、转动源 2～24V、转动源单元、数显单元的转速显示部分。

4. 实验内容与步骤

(1) 根据图 3-12，将霍尔转速传感器装于传感器支架上，探头对准反射面内的磁钢。

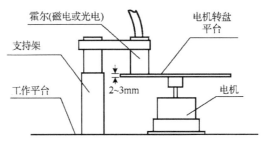

图 3-12 霍尔、磁电、光电转速传感器安装示意图

(2) 将 5V 直流源加于霍尔转速传感器的电源端。

(3) 将霍尔转速传感器输出端(2 号接线端)插入数显单元 Fin 端，3 号接线端接地。

(4) 将转速调节中的 2～24V 转速电源接入三源板的转动电源插孔中。

(5) 将数显单元上的开关拨到转速挡。

(6) 调节电压使转动速度变化。观察数显表转速显示的变化。

5. 思考题

(1) 利用霍尔元件测转速，在测量上是否受限制？

(2) 本实验装置上用了 12 只磁钢，能否用 1 只磁钢？

3.4.2 磁电式转速传感器测速实验

1. 实验目的

(1) 了解磁电式测量转速的原理。

(2) 掌握磁电式传感器的应用。

(3) 培养学生进行测控系统设计的能力。

2. 实验原理

基于电磁感应原理，当线圈所在磁场的磁通变化时，线圈中会产生感应电势，当测量盘上的齿轮旋转时，感应电势发生周期性变化，当转盘上嵌入 N 个磁棒时，每转一周线圈感应电势产生 N 次的变化，通过放大、计数等电路可以测量出感应电势变化频率从而间接测得转速。

3. 实验设备

磁电式传感器、数显单元测转速挡、直流源 2～24V。

4. 实验内容与步骤

(1) 磁电式转速传感器按图 3-12 安装传感器端面离转动盘面 2mm 左右。将磁电式传感器输出端插入数显单元 Fin 孔(磁电式传感器两输出插头插入台面板上两个插孔)。

(2) 将显示开关选择转速测量挡。

(3) 将转速电源 2~24V 用引线引入台面板上 24V 插孔，合上主控箱电开关。使转速电机带动转盘旋转，逐步增加电源电压观察转速变化情况。

5. 思考题

磁电式转速传感器不能测很低速的转动，能说明理由吗？

3.4.3　光电传感器测转速实验

1. 实验目的

(1) 了解光电转速传感器测量转速的原理及方法。

(2) 培养学生进行测控系统设计的能力。

2. 实验原理

光电式转速传感器有反射型和透射型两种，本实验装置是透射型的，传感器端部有发光管和光电池，发光管发出的光源在转盘上反射后由光电池接收转换成电信号，由于转盘上有相同距离的 16 个间隔，转动时将获得与转速及黑白间隔数有关的脉冲，将电脉计数处理即可得到转速值。

3. 实验设备

光电转速传感器、直流电源+5V、转动源、2~24V 直流源、数显单元。

4. 实验内容与步骤

(1) 光电转速传感器已安装在三源板上，把三源板上的+5V、接地 V_0 与主控箱上的+5V、地、数显表的 Fin 相连。数显表转换开关打到转速挡。

(2) 将转速源 2~24V 输出旋到最小，接到转动源 24V 插孔上。

(3) 合上主控箱电源开关，使电机转动并从数显表上观察电机转速。

5. 思考题

已进行的实验中用了多种传感器测量转速，试分析比较一下哪种方法最简单、方便。

3.5　光电耦合器的应用

3.5.1　实验目的

(1) 掌握光电耦合器的工作原理及应用。

(2) 培养学生综合运用所学理论进行测控系统软硬件设计的能力。

3.5.2　实验原理

光电耦合器是将发光元件与受光器件组合封装在同一个密封体内的器件，发光元件和受光器件及信号处理电路可集成在一块芯片上。工作时，将电信号加到输入端，使发光元件发光，而受光元件在发光元件光辐射的作用下输出光电流，从而实现电—光—电两次转换，通过光进行输入端和输出端的耦合。

3.5.3 实验设备

光电耦合器 TLP521-4、直流电源 5V、发光二极管、万用表、单片机开发系统、计算机。

3.5.4 实验方法和要求

(1)利用 TLP521-4 光电耦合器芯片设计开关量信号隔离电路，当输入高电平信号时，点亮发光二极管。

(2)利用 TLP521-4 光电耦合器芯片设计开关量信号隔离电路，当输入低电平信号时，点亮发光二极管。

(3)利用 TLP521-4 光电耦合器芯片设计两个信号的与电路，要求逻辑正确。

(4)利用单片机开发系统和光电耦合器设计一个带有信号隔离的按键检测系统。

3.5.5 思考题

说明当传感器输出信号是 OC 门时，信号隔离电路如何设计。

3.6 光纤传感器的位移特性实验

3.6.1 实验目的

(1)了解光纤位移传感器的工作原理及构成方法。
(2)掌握光纤位移传感器的使用方法。
(3)培养学生对专业知识的基本运用能力和数据处理能力。

3.6.2 实验原理

本实验采用的是传光型光纤，如图 3-13 所示，由两束光纤混合后，组成 Y 形光纤，半圆分布即双 D 形一束光纤端部与光源相接发射光束,另一束端部与光电转换器相接接收光束。两光束混合后的端部是工作端亦称探头，它与被测体相距 X，由光源发出的光传到端部射出后再经被测体反射回来，由另一束光纤接收光信号经光电转换器转换成电量，而光电转换器转换的电量大小与间距 X 有关，因此可用于测量位移。

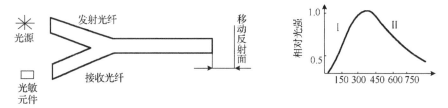

图 3-13 光纤位移传感器原理图

3.6.3 实验设备

光纤传感器、光纤传感器实验模板、数显单元、测微头、直流源、反射面。

3.6.4 实验方法和要求

(1) 将实验用光纤传感器固定于支架上。将两束光纤插入实验模板上的座孔上，其内部已和发光管 D 及光电转换管 T 相接。

(2) 将光纤实验模板输出端 V_{o1} 与数显单元相连，如图 3-14 所示。

(3) 调节测微头，使探头与反射面圆平板接触。

(4) 实验模板接入主控台±15V 电源，合上主控箱电源开关，调节 R_W 使数显表显示为零。

(5) 转测微头，被测体离开探头，每隔 0.1mm 读出数显表值。

(6) 完成实验数据的采集。将实验数据填入表 3-10。

表 3-10 光纤传感器位移与输出电压数据表

X/mm										
V_{o1}/V										

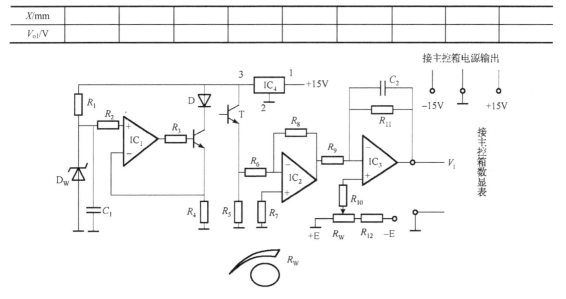

图 3-14 光纤传感器位移实验接线图

(7) 以位移数据(X)为 X 轴，电压数据(V_{o1})为 Y 轴，作 $V_{o1}=f(X)$ 曲线，计算在量程 1mm 时灵敏度和非线性误差。

3.6.5 思考题

(1) 光纤位移传感器测位移时对被测体的表面有什么要求？

(2) 利用光纤传感器测转速可以吗？若可以，请独立设计完成测速实验的方法。

3.7 集成温度传感器的特性实验

3.7.1 实验目的

(1) 了解常用的集成温度传感器基本原理、性能与应用。

(2) 培养学生利用所学专业知识进行测控系统设计的能力。

3.7.2　实验原理

集成温度传感器将温敏晶体管与相应的辅助电路集成在同一芯片上，它能直接给出正比于绝对温度的理想线性输出，一般用于–50～+150℃温度测量，温敏晶体管是利用管子的集电极电流恒定时，晶体管的基极–发射极电压与温度呈线性关系。为克服温敏晶体管 U_b 电压生产时的离散性，均采用了特殊的差分电路。集成温度传感器有电压型和电流型两种，电流输出型集成温度传感器，在一定温度下，相当于一个恒流源。因此，不易受接触电阻、引线电阻、电压噪声的干扰，具有很好的线性特性。本实验采用的是国产的 AD590。它只需要一种电源(+4～+30V)即可实现温度到电流的线性变换，然后在终端使用一只取样电阻（本实验中为 R_2，见图 3-15)即可实现电流到电压的转换。它使用方便且电流型比电压型的测量精度更高。

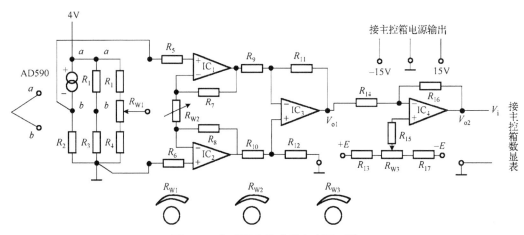

图 3-15　集成温度传感器实验原理图

3.7.3　实验设备

温度控制单元、加热源、集成温度传感器、温度传感器实验模板、数显单元、万用表。

3.7.4　实验方法和要求

(1)将集成温度传感器加热端插入加热源的一个插孔中，尾部红色线为正端，插入实验模板的 a 端，见图 3-15，另一端插入 b 孔上，a 端接电源+4V，b 端与 R_5 相接，R_6 接地，接上直流源±15V。

(2)先将运放 IC_1、IC_2、IC_3、IC_4 调零，短接 R_5、R_6，逆时针轻轻调节 R_{W2} 到底使其增益最小，调节 R_{W3} 使输出 U_{o2} 为零，数显表显示为零。

(3)合上加热源开关，温度从 20℃开始，每隔 5℃在数显表上读取一个点的电压值，上限不超过 100℃，记入表 3-11。

(4)利用表 3-11 中数据计算在此范围内集成温度传感器的非线性误差。

表 3-11　集成温度传感器的温度与输出电压数据表

$T/℃$										
V_{o2}/V										

3.7.5　思考题

大家知道在一定的电流模式下 PN 结的正向电压与温度之间具有较好的线性关系，因此就有温敏二极管，若有兴趣可以利用开关二极管或其他温敏二极管在 50～100℃测量温度特性，然后与集成温度传感器相同区间的温度特性进行比较，从线性关系看温度传感器线性是否优于温敏二极管，请阐明理由。

3.8　单总线数字式温度传感器 DS18B20 测温实验

3.8.1　实验目的

(1) 掌握 DS18B20 的工作原理。
(2) 学会严格按照 DS18B20 在通信过程中的时序要求进行编程。
(3) 掌握显示程序的设计方法和 8155 控制字的设定。
(4) 培养学生通过运用所学知识进行软硬件开发的能力。

3.8.2　实验设备

伟福系列(SP51 型)仿真器；MCS-51 单片机应用板；DS18B20 数字温度传感器；4.7kΩ电阻。

3.8.3　实验电路

DS18B20 的管脚排列图 3-16 所示，DS18B20 与实验应用板的连线图如图 3-17、图 3-18 所示。

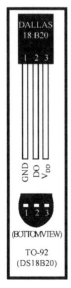

图 3-16　DS18B20 引脚排列

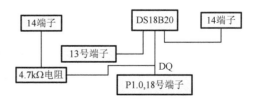

图 3-17　DS18B20 与实验应用板的接口图

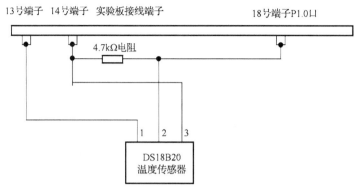

图 3-18　实验接线图

3.8.4　实验内容和要求

编写温度采集程序，并将采集到的数据显示在数码管上。

3.8.5　基本软件流程

软件流程图如图 3-19 所示。

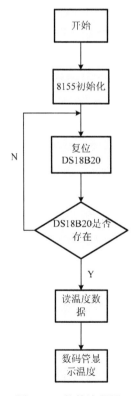

图 3-19　软件流程图

第4章 光电信息技术

"光电信息技术"课程是测控技术与仪器专业的选修专业课程，是一门理论与应用相结合的课程。本课程的主要任务是使学生掌握光电信息技术的基础知识，掌握典型光辐射探测器和发光器件的基本原理、工作特性及应用领域，掌握光纤通信系统的基础知识和基本技术。本课程对于完善测控技术与仪器专业学生的知识结构、拓宽学生的就业范围将起到重要的作用。本课程通过加强实践环节的训练，着重培养学生理论和实践相结合的能力，为后续课程、毕业设计以及将来参加实际工作奠定基础。

本章主要介绍了"光电信息技术"课程的 5 个实验。实验内容为：辐射度学与光度学基础实验，光敏电阻、光敏二极管、光敏三极管、光电池特性实验，PSD 位置传感器实验，热释电红外传感器实验，光纤温度传感系统特性实验。要求学生实验前复习与实验相关的理论知识，做好实验的预习，实验中多观察、多思考、多尝试，实验后就实验中的现象与问题展开讨论，并撰写实验报告。

4.1 辐射度学与光度学基础实验

4.1.1 实验目的

(1)使学生对辐射度量与光度量基本概念有具体的认识，帮助学生理解两种概念体系的区别和联系。

(2)培养学生综合运用所学理论去发现、分析、解决专业相关问题的能力。

4.1.2 实验原理

以电磁波形式或粒子(光子)形式传输的能量，它们可以用光学元件反射、成像或色散，这样的能量及其传播过程称为光辐射。

为了对光辐射进行定量描述，存在着辐射度量和光度量两套不同的体系，辐射度量适用于整个电磁波段，光度量只适用于可见光波段。表 4-1 是常用的辐射度量和光度量之间的对应关系。

表 4-1 常用辐射度量和光度量之间的对应关系

辐射度量				光度量			
物理量名称	符号	定义式	单位	物理量名称	符号	定义式	单位
辐射能	Q_e		J	光能	Q_v		$1m\cdot s$
辐射通量	Φ_e	$\Phi_e = dQ_e / dt$	W	光通量	Φ_v	$\Phi_v = \dfrac{dQ_v}{dt}$	1m
辐射出射度	M_e	$M_e = d\Phi_e / ds$	W/m^2	光出射度	M_v	$M_v = d\Phi_v / ds$	1m/m^2
辐射强度	I_e	$I_e = d\Phi_e / d\Omega$	W/sr	发光强度	I_v	$I_v = \dfrac{d\Phi_v}{d\Omega}$	cd
辐射亮度	L_e	$L_e = dI_e / (ds\ \cos\theta)$	W/(m$^2\cdot$sr)	(光)亮度	L_v	$L_v = dI_v / ds\ \cos\theta$	cd/m^2
辐射照度	E_e	$E_e = d\Phi_e / dA$	W/m^2	(光)照度	E_v	$E_v = d\Phi_v / dA$	lx

在光度单位中，发光强度的单位坎德拉是基本单位，定义为一个光源发出频率为 540×10^{12}Hz 的单色辐射，若在一给定方向上的辐射强度为 1/683（W/sr），则该光源在该方向上的发光强度为 1cd（坎德拉）。

本实验中备有普通光源和激光光源两种，普通光源（白炽灯）的光谱为连续光谱，利用滤色片可以提供红橙黄绿青蓝紫多种波长的光辐射。激光光源是半导体激光器，发射的激光波长 630～680nm，激光颜色为红色。

4.1.3　实验设备

CSY—2000G 主机箱、普通光源（含遮光筒）、半导体激光光源、各种滤色片、光照度计探头。

4.1.4　实验内容和步骤

（1）根据图 4-1 装置图将照度计探头代替光敏探头，把照度计探头的两个插孔与主机箱的光照度计两个插孔正负对应相连，再按下主机箱照度计的按纽（×1）。打开主机箱电源，测量当前环境下的照度。

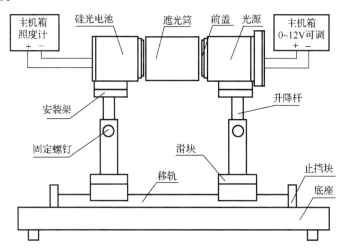

图 4-1　辐射度学与光度学实验的接线示意图

（2）关闭主机箱电源，把普通光源的两个插孔与主机箱的 0～12V 的可调电源的两个插孔相连，逆时针调节可调电源旋钮到底。把主机箱的电压表输入端（+、−）分别与 0～12V 的可调电源的+、−相连，监测可调电源的输出大小。按表 4-2 慢慢旋转可调电源旋钮，并记录数据。

表 4-2　不同输入电压下普通光源的照度

输入电压/V	2	3	4	5	6	7
光照度/lx						

（3）关闭主机箱电源，取下实验装置的遮光筒，旋下普通光源的前盖，分别旋上不同颜色的滤光片，装上遮光筒，按上面的方法分别测量不同滤色片下的照度，并作记录，把数据填入表 4-3。

表 4-3　不同滤色片下普通光源的照度

滤色片颜色	红	橙	黄	绿	青	蓝	紫
光照度/lx							

(4) 在 (3) 中, 用眼睛观察不同颜色光的亮度情况, 感觉同一照度下眼睛对光颜色的敏感度。

(5) 关闭主机箱电源, 将普通光源撤下换上半导体激光器, 将半导体激光器的两个插孔 (+、−) 分别与主机箱 0~5V 的可调电源的+、−相连。开主机箱电源, 同上面方法用照度计测量激光器发出的光的照度, 作记录把数据填入表 4-4。

表 4-4　不同输入电压下半导体激光器的照度

输入电压/V	2.5	3	3.5	4	4.5	5
光照度/lx						

(6) 关闭主机箱电源, 用光功率探头代替照度计探头, 将光功率探头的两个插孔 (+、−) 分别与主机箱的光功率计输入端的+、−相连, 打开主机箱电源, 方法同上用光功率计测量激光器的光功率, 并作记录, 把数据填入表 4-5。

表 4-5　不同输入电压下半导体激光器的光功率

输入电压/V	3	3.5	4	4.5	5
光功率/mW					

4.1.5　思考题

(1) 光功率计测量的是表 4-1 里的哪一个量?

(2) 辐射度量和光度量之间有什么关系?

4.2　光敏电阻、光敏二极管、光敏三极管、光电池特性实验

4.2.1　光敏电阻特性实验

1. 实验目的

(1) 了解光敏电阻的光谱响应特征、光照特性和伏安特性等基本特性。

(2) 培养学生对专业知识的基本运用能力。

2. 实验原理

在光线的作用下, 电子吸收光子的能量从键合状态过渡到自由状态, 引起电导率的变化, 这种现象称为光电导效应。光电导效应是半导体材料的一种体效应。光照越强, 器件自身的电阻越小。基于这种效应的光电器件称为光敏电阻。光敏电阻无极性, 其工作特性与入射光光强、波长和外加电压有关。

3. 实验设备

CSY—2000G 主机箱、光源、滤色片、光电器件实验 (一) 模板、Cds 光敏电阻、光照度计探头。

4．实验内容与步骤

1）亮电阻和暗电阻测量

（1）图 4-2 所示为光敏电阻实验原理图。

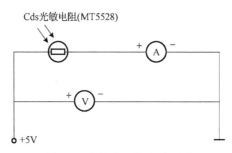

图 4-2　光敏电阻实验原理图

（2）按图 4-3 装置图安装好普通光源和光照度计探头及遮光筒，将主机箱的 0～12V 的可调电源与普通光源的两个插孔相连，将可调电源的调节旋钮逆时针方向慢慢调到底。将照度计探头的两个插孔与主机箱照度计输入端"＋""－"相应连接。打开主机箱电源，顺时针方向慢慢增加 0～12V 可调电源，使主机箱照度计显示 100lx（按下按钮×1）。

（3）撤下照度计连线及探头，换上光敏电阻。将光敏电阻的一个插孔连到主机箱固定稳压电源+5V 的"＋"插孔上。光敏电阻的另一个插孔连到主机箱电流表输入端的"＋"插孔上，电流表输入端"－"插孔与+5V 稳压电源的"⊥"相连。

（4）在光敏电阻与光源之间用遮光筒连接后，10 秒钟左右（可观察主机箱上的定时器）读取电流表（可选择电流表合适的档位 20mA 挡）的值为亮电流 $I_{亮}$。

（5）将 0～12V 可调电源的调节旋钮逆时针方向慢慢旋到底后，10s 左右读取电流表（20μA 挡）的值为暗电流 $I_{暗}$。

（6）根据以下公式，计算亮电阻和暗电阻（照度 100lx、$U_{测}$ 5V）

$$R_{亮} = U_{测} / I_{亮} \tag{4-1}$$

$$R_{暗} = U_{测} / I_{暗} \tag{4-2}$$

光敏电阻在不同的照度下有不同的亮电阻和暗电阻，在不同的测量电压（$U_{测}$）下有不同的亮电阻和暗电阻，如有兴趣可重复以上步骤做实验。

2）光照特性测量

当光敏电阻的测量电压（$U_{测}$）为+5V 时，光敏电阻的光电流随光照度变化而变化，它们之间的关系是非线性的。调节光源 0～12V 电压得到不同的光照度（测量方法同以上实验），测得数据填入表 4-6，并按图 4-4 作曲线图。

表 4-6　不同光照度下光敏电阻的光电流

光照度/lx	100	300	500	700	900	1100	1300	1500
光电流/mA								

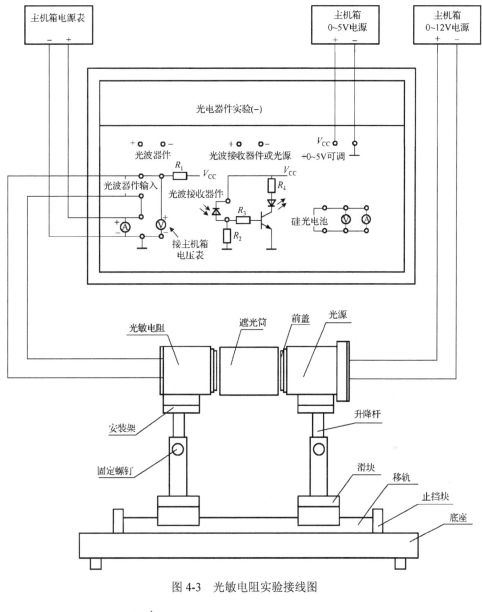

图 4-3　光敏电阻实验接线图

图 4-4　光敏电阻光照特性实验曲线

3) 伏安特性测量

在一定的光照度下，光电流随外加电压的变化而变化。测量时，当给定光照度 100lx 时，光敏电阻输入 0～5V 可调电压，调节 0～5V 电压(由电压表监测)，测得流过光敏电阻的电流，测得数据填入表 4-7，并按图 4-5 作不同照度的三条伏安特性曲线。

表 4-7 不同外加电压时光敏电阻的光电流

型号：MT5528		电压/V	1.25	2	3	4	5
光照度/lx	100	电流/mA					
	300	电流/mA					
	500	电流/mA					

图 4-5 光敏电阻伏安特性曲线

4) 光谱特性测量

光敏电阻对不同波长的光，接收的灵敏度是不一样的，这就是光敏电阻的光谱特性。实验时线路接法同图 4-3，在光路装置中先用照度计窗口对准遮光筒，然后撤下光源前盖，更换不同的滤光片，得到对应各种颜色的光。作光谱特性时，需调节光源强度（调 0～12V 电压），得到相同的照度。光敏电阻在某一固定工作电压下（+5V），在同一照度下（100lx），在不同颜色(波长)时测量流过光敏电阻的电流值，就可作出其光谱特性曲线。实验数据填入表 4-8。

表 4-8 不同波长时光敏电阻的光电流

颜色(波长/nm) 电流/mA 照度/lx	红 (650)	橙 (610)	黄 (570)	绿 (530)	青 (480)	蓝 (450)	紫 (400)
10							
100							

5. 思考题

光敏电阻的光照特性有什么特点？

4.2.2 光敏二极管特性实验

1. 实验目的

(1) 了解光敏二极管工作原理及光生伏特效应。

(2) 培养学生对专业知识的基本运用能力。

2. 实验原理

光敏二极管和光电池均是一种光伏探测器，利用了 PN 结的光伏效应。对光伏探测器，总电流可表达为

$$i = i_d - i_\phi = i_{so}(e^{qu/k_B T} - 1) - i_\phi \tag{4-3}$$

式中，i 是流过探测器总电流，i_d 为普通二极管电流，i_ϕ 为光电流，i_{so} 是二极管反向电流，q 是电子电荷量，u 是探测器两端电压，k_B 为玻尔兹曼常量，T 为器件绝对温度。

　　光敏二极管具有光生伏特效应，当入射光的强度发生变化时，通过光敏二极管的电流随之变化，于是光敏二极管的二端电压也发生变化。光照时处于导通状态，光不照时，处于截止状态，并且光电流和照度呈线性关系。

3. 实验设备

光敏器件实验(一)模板、主机箱、光敏二极管、光源、光照度计探头、滤色片。

4. 实验内容与步骤

1) 光照特性的测量

根据图 4-6 接线，测量光敏二极管的暗电流和亮电流。

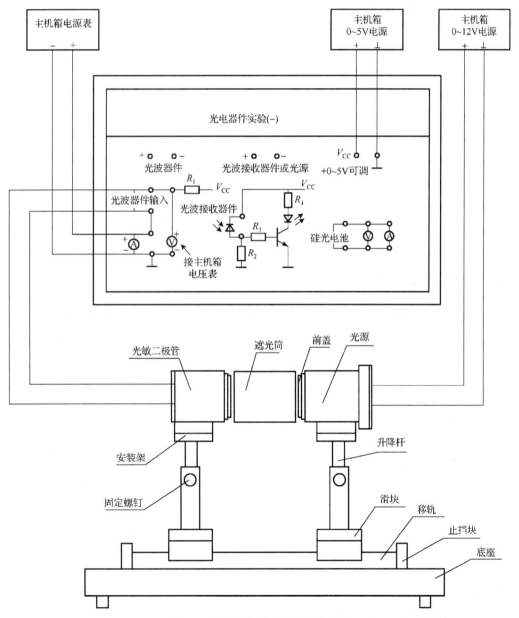

图 4-6　光敏二极管特性实验接线图

(1)暗电流测试：将主机箱中的 0～12V 可调稳压电源的调节旋钮逆时针方向慢慢旋到底，打开主机箱电源，读取主机箱上电流表(20μA 档)的值即为光敏二极管的暗电流。

(2)亮电流测试：

① 关闭主机箱电源，撤下光敏二极管，换上光照度计探头。用连接线将照度计探头的两个插孔与主机箱上的照度计输入的两个插孔"+""−"分别相应连接；照度计探头与光源之间用遮光筒连接。

② 打开主机箱电源，顺时针方向慢慢地调节 0～12V 可调电源(光源电压)，使主机箱上照度计的读数为 100lx。

③ 撤下照度计探头，换上光敏二极管，读取电流表值，即为 100lx、$U_{测}$ 为 5V(光敏二极管工作电压)时的亮电流。

重复①、②、③实验步骤，把测量值填入表 4-9，并在图 4-7 中作出曲线。

表 4-9   不同照度下光敏二极管的光电流

照度/lx	100	200	300	400	500	600	700	800
$I_{光}$/mA								

图 4-7   光敏二极管光照实验特性曲线

2)光谱特性的测试

光谱特性测试用 7 种颜色的滤光片代替不同波长的光。

实验方法与亮电流测试方法基本一样，不同点就是按下光源前盖，更换不同颜色的滤色片，调节光源电压，在不同照度下，测得光电流，填入表 4-10，并在图 4-8 中作出曲线。

表 4-10   不同波长时光敏二极管的光电流

颜色(波长/nm) 照度/lx　光电流 I/mA	红 (650)	橙 (610)	黄 (570)	绿 (530)	青 (480)	蓝 (450)	紫 (400)
10							
100							

图 4-8   光敏二极管光谱实验特性曲线

5. 思考题

光敏二极管光谱特性有什么特点？

4.2.3　光敏三极管特性实验

1. 实验目的
(1) 了解光敏三极管结构、性能和 *U-I* 特性；
(2) 培养学生对专业知识的基本运用能力。

2. 实验原理

在光敏二极管的基础上，为了获得内增益，就利用晶体三极管的电流放大作用，用 Ge 或 Si 单晶体制造 NPN 或 PNP 型光敏三极管。其结构、使用电路及等效电路如图 4-9 所示。

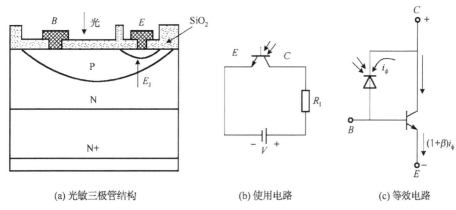

(a) 光敏三极管结构　　　　(b) 使用电路　　　　(c) 等效电路

图 4-9　光敏三极管结构、使用电路及等效电路

光敏三极管可以等效为一个光敏二极管与另一个一般晶体管基极集电极并联：集电极-基极产生的电流，输入到共发射极三极管的基极再放大。不同之处是，集电极电流(光电流)由集电结上产生的 i_ϕ 控制。集电极起双重作用：一是把光信号变成电信号起光敏二极管作用；二是使光电流再放大起一般三极管的集电结作用。一般光敏三极管只引出 E、C 两个电极，体积小，光电特性是非线性的，广泛应用于光电自动控制作光电开关。

3. 实验设备

光电器件实验(一)模板、主机箱、光敏三极管、光源、光照度计探头。

4. 实验内容与步骤

1) 光敏三极管伏安特性

光敏三极管在不同照度下的伏安特性就像一般晶体管在不同的基极电流的输出特性一样。

(1) 根据图 4-6 把光敏二极管换成光敏三极管，按图接线，将光敏三极管的两个插孔接到实验模板的光敏器件输入的插孔中,实验模板的电流表和电压表插孔分别与主机箱的电流表输入和电压表输入插孔分别相连接。将实验模板上的 V_{cc} 插孔与主机箱的+5V 电源相连。

(2) 首先慢慢调节 0～12V 光源电压，使光源的光照度到某一值(用照度计测量)，再调节光敏三极管的工作电压，测量光敏三极管的输出电流和电压。填入表 4-11～表 4-14，并在图 4-10 中作出一定光照度下的光敏三极管的伏安特性曲线。

表 4-11 在 100lx 光照度下光敏三极管的伏安特性

U_1/V	1.5	2.0	2.5	3.0	3.5	4.0
I_1/mA						

表 4-12 在 500lx 光照度下光敏三极管的伏安特性

U_1/V	1.5	2.0	2.5	3.0	3.5	4.0
I_1/mA						

表 4-13 在 1000lx 光照度下光敏三极管的伏安特性

U_1/V	1.5	2.0	2.5	3.0	3.5	4.0
I_1/mA						

表 4-14 在 1500lx 光照度下光敏三极管的伏安特性

U_1/V	1.5	2.0	2.5	3.0	3.5	4.0
I_1/mA						

图 4-10 光敏三极管伏安特性实验曲线

2) 光敏三极管的光照特性测量

暗电流与亮电流测试实验方法同光敏二极管。将实验数据填入表 4-15，并在图 4-11 中作出光照特性曲线。

表 4-15 不同照度下光敏三极管的光电流

照度/lx	100	200	300	400	500	600	700	800
$I_光$/mA								

图 4-11 光敏三极管光照特性实验曲线

3) 光敏三极管的光谱特性

光敏三极管对不同波长的光，接收灵敏度不一样，它有一个峰值响应波长。当入射光的波长大于峰值响应波长时，相对灵敏度要下降，这是由于光子能量太小，不足以激发电子-空穴对。当入射光的波长小于峰值响应波长时，相对灵敏度也要下降，这是由于光子在半导体表面附近就被吸收，并且在表面激发的电子-空穴对不能到达 PN 结。

实验时通过滤色片得到不同波长的光，在相同的照度下，检测出对应的光敏三极管的电流大小，则得到不同波长的灵敏度。

光敏三极管响应波长(光谱特性)的实验方法同光敏二极管。将实验数据列入表 4-16，并在图 4-12 中作出光谱特性曲线。

表 4-16　不同波长时光敏三极管的光电流

照度/lx　　　颜色(波长/nm)　　光电流 I/mA	红(650)	橙(610)	黄(570)	绿(530)	青(480)	蓝(450)	紫(400)
10							
100							

图 4-12　光敏三极管光谱实验特性曲线

5. 思考题

(1)光敏三极管的伏安特性有什么特点？

(2)光敏三极管主要应用在什么场合？

4.2.4　光电池特性实验

1. 实验目的

(1)了解光电池的光照、光谱特性，熟悉其应用。

(2)培养学生对专业知识的基本运用能力。

2. 实验原理

当光照射到光电池 PN 结上时，便在 PN 结两端产生电动势，这种现象叫"光生伏特效应"，将光能转化为电能。该效应与材料、光的强度、波长等有关。

3. 实验设备

光电器件实验(一)模板、主机箱、滤色片、普通光源、照度计、硅光电池、光照度计探头。

4. 实验内容与步骤

1) 光照特性

光电池在不同的照度下，产生不同的光电流和光生电动势，它们之间的关系就是光照特性。

(1)按图 4-13 接线：将光源两个插孔接入主机箱 0～12V 可调电源的相应插孔上(逆时针方向调节可调电源的旋钮到底)，将光电池的两个插孔接到实验模板的硅光电池上(注意极性)。

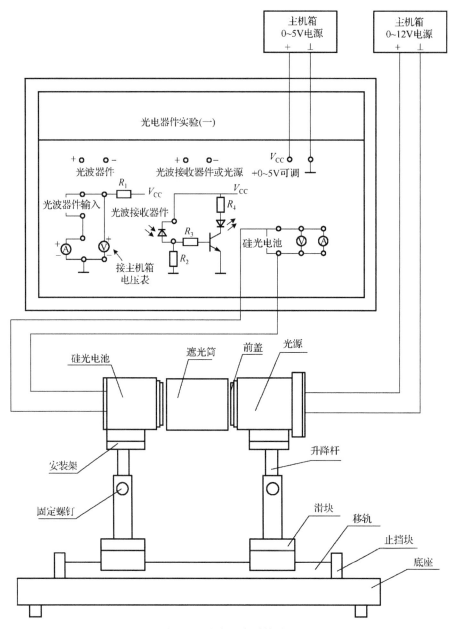

图 4-13　光电池实验接线图

(2)将照度计探头两个插孔接到主机箱的照度计输入端的相应插孔上，打开主机箱电源，将照度计探头用遮光筒与光源连接起来，调节接入光源的 0～12V 可调电源，使照度计显示 100lx。拿去照度计探头，把硅光电池连到遮光筒上，将主机箱的电压表接到光电实验器件模板的硅光电池的电压表接口上，测出 100lx 照度下的开路电压。把电压表的引线断开后，将主机箱的电流表串接到实验模板上，硅光电池的电流表接口上，测出 100lx 照度下的短路电流。重复以上方法，测出照度为 200lx，…，600lx 时的硅光电池的开路电压和短路电流，将数据填入表 4-17，并在图 4-14 中作出曲线图。

表 4-17　不同照度下硅光电池的开路电压和短路电流

照度/lx					
电流/mA					
电压/mV					

图 4-14　硅光电池开路电压、短路电流实验特性曲线

2) 光谱特性

光电池在不同波长的光照下，产生不同的光电流和光生电动势。用不同颜色的滤色片得到不同波长的光。滤色片更换时，拧下光源前盖，分别拧上红、橙、黄、绿、青、蓝、紫 7 种滤色片。在相同的照度下，将测量结果填入表 4-18，并在图 4-15 中作出曲线图。

表 4-18　不同波长下硅光电池的光电流和光生电动势

波长/nm	红	橙	黄	绿	青	蓝	紫
电动势/mV							
电流/mA							

图 4-15　光电池光谱特性实验曲线

5. 思考题

硅光电池的光照特性有什么特点？

4.3　PSD 位置传感器实验

4.3.1　实验目的

(1) 了解 PSD 光电位置敏感器件的原理与其在激光定位中的应用。
(2) 培养学生综合运用所学理论和技能去发现、分析、解决专业相关问题的能力。

4.3.2　实验原理

PSD 为一具有 PIN 三层结构的平板半导体硅片，其断面结构如图 4-16 所示。表面层 P

为感光面，在其两边各有一个信号输入电极，底层的公共电极用于加反偏电压。当光点入射到 PSD 表面时，由于横向电势的存在，产生光生电流 I_0，光生电流就流向两个输出电极，从而在两个输出电极上分别得到光电流 I_1 和 I_2，显然 $I_0 = I_1 + I_2$。而 I_1 和 I_2 的分流关系则取决于入射光点到两个输出电极间的等效电阻。假设 PSD 表面分流层的电阻是均匀的，则 PSD 可简化为图 4-17 所示的电位器模型，其中 R_1、R_2 为入射光点位置到两个输出电极间的等效电阻，显然 R_1、R_2 正比于光点到两个输出电极间的距离。

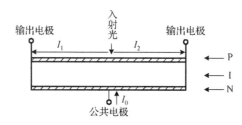

图 4-16　PSD 结构图

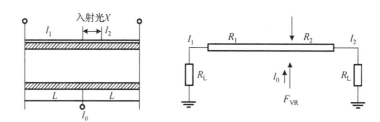

图 4-17　PSD 等效电位器模型

因为

$$I_1 / I_2 = R_2 / R_1 = (L - X) / (L + X) \tag{4-4}$$

$$I_0 = I_1 + I_2 \tag{4-5}$$

所以可得

$$I_1 = I_0((L - X) / 2L) \tag{4-6}$$

$$I_2 = I_0((L + X) / 2L) \tag{4-7}$$

$$X = ((I_2 - I_1) / I_0)L \tag{4-8}$$

当入射光恒定时，I_0 恒定，则入射光点与 PSD 中间零位点距离 X 与 $I_2 - I_1$ 呈线性关系，与入射光点强度无关。根据这一线性特性，就可以从输出电压值知道激光点的位置，从而实现激光定位。

4.3.3　实验设备

主机、半导体激光器、PSD 传感器。

4.3.4　实验内容和步骤

(1)按图 4-18 接线，PSD 传感器上的与其他插孔颜色不一样的插孔接 V_r，另外两个可以随意接。在电路中，V_{o1} 接 V_{i3}、V_{o2} 接 V_{i4}、V_{o3} 接 V_{i5}、V_{o4} 接小面板的电压表(量程选择 20V 挡)。

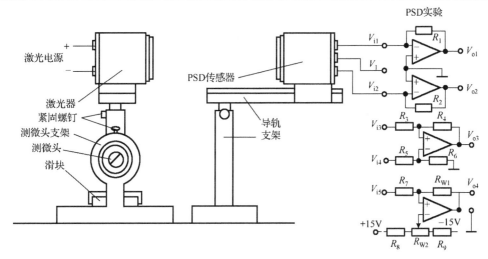

图 4-18　激光定位实验接线图

(2)打开主机电源,转动测微头使激光光点在 PSD 上的位置从一端移向另一端。此时电压变化可在 ±5V(可以大于 ±5V)之间,若未达到此值,可调输出增益旋钮(R_{W2})。调节测微头,注意转动方向与位移关系,使激光光点在 PSD 的其中一端点上。

(3)反向转动测微头使光点向 PSD 另一端位移,每转动 0.2mm 记录一个数据填入表 4-19。重复三次,取三次数据的平均值。

表 4-19　激光点位移值与输出电压值

位移量 X/mm										
输出电压 1/V										
输出电压 2/V										
输出电压 3/V										
平均值/V										

(4)根据表 4-19 所列的数据,在图 4-19 中作出激光点位移与输出电压的函数关系:$X=f(U_0)$。

(5)根据 $X=f(U_0)$,计算出 $X=2\text{mm}$ 时,输出电压 U_0 的计算值。转动测微头,使输出电压 U_0 的实际值等于输出电压 U_0 的计算值,读出此时的测微头的值 X',计算相对误差 $\delta=(X-X')/X$,得到激光定位的精度误差。

图 4-19　激光点位移与输出电压的关系曲线

4.3.5　思考题

(1)如何提高 PSD 激光定位的精度?

(2)PSD 与传统的光电探测器相比,在应用场合上有什么不同?

4.4 热释电红外传感器实验

4.4.1 实验目的

(1)了解热释电红外传感器基本原理和在实际中的应用。
(2)培养学生对专业知识的基本运用能力。

4.4.2 实验原理

当已极化的热电晶体薄片受到辐射热时，薄片温度升高，极化强度 P_s 下降，表面电荷减少，相当于"释放"一部分电荷，故名热释电。释放的电荷通过一系列的放大，转化成输出电压。如果继续照射，晶体薄片的温度升高到 T_c(居里温度)值时，自发极化突然消失，不再释放电荷，输出信号为零，见图4-20。

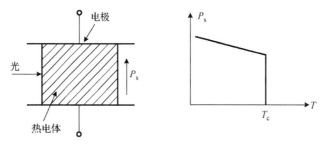

图 4-20 热释电效应

热释电探测器只能探测交流的斩波式的辐射(红外光辐射要有变化量)。当面积为 A 的热释电晶体受到调制加热，而使其温度 T 发生微小变化时，就有热释电电流 $i = AP\dfrac{\mathrm{d}T}{\mathrm{d}t}$，其中，$A$ 为面积，P 为热电体材料热释电系数，$\dfrac{\mathrm{d}T}{\mathrm{d}t}$ 是温度的变化率。

4.4.3 实验设备

光电器件实验(二)模板、主机箱、红外热释电探头、红外热释电探测器。

4.4.4 实验内容和步骤

光电器件实验(二)模板分两部分，分为器件原理实验图(左)，传感器实验图(右)。

1. 原理实验

(1)按图 4-21 接线：将红外热释电探头的三个插孔相应地连到实验模板热释电红外探头的输入端口上(红色插孔接 D；蓝色插孔接 S；黑色插孔接 E)，然后将实验模板上的 V_{CC}+5V 和 "⊥" 相应地连接到主控箱的电源上，再将实验模板的右边部分的探测器信号输入短接。

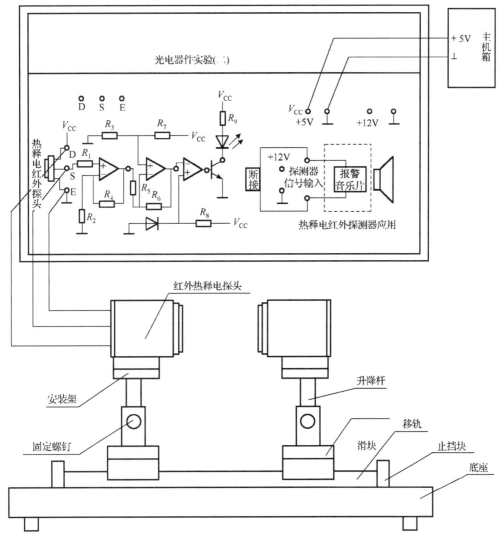

图 4-21　热释电实验接线图

(2)打开主机箱电源，手在红外热释电探头端面晃动时，探头有微弱的电压变化信号输出，经两级电压放大后，可以检测出较大的电压变化，再经电压比较器构成的开关电路，使指示灯点亮。观察这个现象过程。

2. 传感器实验

(1)红外热释电探测器有四个接线，按图 4-22 接线：将探头的 1、3 号线相应地连接到实验模板的+12V 与"⊥"上，再将红外热释电探测器 2、4 号线分别接到实验模板的探测器信号输入端口上，再将实验模板的+12V 和"⊥"接到主机箱+12V 电源和"⊥"上。

(2)打开主机箱电源，需延时几分钟模板才能正常工作。当人体或动物移动后，蜂鸣器报警。逐点加大人与传感器的距离，观察估计能检测到的红外物体的探测距离。

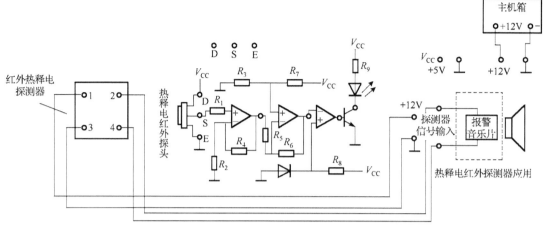

图 4-22　成品实验接线图

4.4.5　思考题

热释电红外传感器能检测静止的人体吗？为什么？

4.5　光纤温度传感系统特性实验

4.5.1　实验目的

(1) 了解光纤温度传感系统的原理和性能。
(2) 培养学生综合运用所学知识去发现、分析、解决专业相关问题的能力。

4.5.2　实验原理

光纤温度传感器有功能型和传导型两种。功能型光纤温度传感器是利用光纤本身的特性把光纤直接作为敏感元件，既感知信息又传输信息。传导型光纤温度传感器利用其他敏感元件感受被测量的变化，光纤作为光的传输介质。

本实验提供的是传导型温度传感器，它由两部分组成：一部分是温度位移敏感元件(双金属片)，通过它将温度转变成位移量；另一部分是光纤位移传感器，它测量出温度变化产生的位移变量。通过系统的温度和位移关系标定就可以测量相应的温度量。

4.5.3　实验设备

光纤探头、光纤传感器实验模板、温度传感模板(加热器模板)、主机箱。
温度控制仪(PID 位式控制)说明：

1. 仪表面板说明

如图 4-23 所示：①设定键；②设定值减少键；③设定值增加键；④设定值显示器；⑤测量值显示器；⑥控制输出指示灯；⑦自整定指示灯；⑧第一报警指示灯；⑨第二报警指示灯。

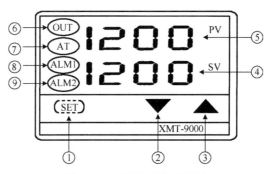

图 4-23　温度控制仪面板图

2. 仪表操作

(1)将 K 型热电偶接入主机箱面板温度控制中的 Ei(+、–)标准值插孔中，合上热源开关。仪表将首先开始按 A、B、C 程序自检。

① 所有数码管笔画及所有指示灯全部点亮，用来检测发光系统是否正常，此时如发现有不能点亮的发光件，请停止使用，该仪表送修(此过程只持续 0.2s)。

② PV 窗口(即上排显示窗口)显示"TYPE"，SV 窗口(即下排显示窗口)显示仪表目前所应配输入类型(此过程持续 2s)。

③ 显示仪表的控制范围：SV 窗口显示下限测量控制值，PV 窗口显示上限控制值，设定比例带时就是根据此范围来取得比例系数的。例如，PV 窗口显示 100℃，SV 窗口显示–50℃，则范围为 150℃(此过程持续 2s)。

(2)仪表进行完以上三步自检后，即投入正常测控状态，上排 PV 窗口显示测量值，下排 SV 窗口显示设定值。

(3)表 4-20 为参数设定表。要想修改设定值时，请在正常的显示方式下，按一下 SET 键，PV 窗口显示"SP"，SV 窗口显示已设置的值，此时按▲键向上调节设定值，按▼键向下调节设定值(长时间按住▲键或▼键可实现连续快加或快减)，按 SET 键完成确认修改，在不按任何键的状态下自动退回到正常显示状态，仪表承认修改。

表 4-20　参数设定表

序号	提示符	名称	设定范围	说　　明	出厂值
1	SP	控制点设定	全范围	系统预定达到值	随机
2	ALM-1	上限报警	全范围	测量值大于上限报警时有触点输出同时报警灯亮	随机
3	ALM-2	下限报警	全范围	测量值小于下限报警灯亮，同时无触点输出(XMT 例外)	随机
4	Pb	比例带	0～200%	0 时位式控制	4
5	Ti	积分时间	1～3600s	Ti=0 时切除积分作用	250
6	Td	微分时间	1～3600s	Td=0 时切除微分作用	50
7	t	控制周期	1～200s	用继电器时应大于等于 20s，用固态继电器时应等于 2s	20
8	Lock	电子锁	0～2	0-所有参数均可以修改；1-所有参数均不可修改；2-只有设定值可以修改	0
9	AT	自动整定参数	ON～OFF	ON-开启自整定功能；OFF-关闭自整定功能	OFF

（4）要想修改"SP"以外的参数值，请在正常显示方式下，按住 SET 键 3s 以上，即可进入内部参数设定，根据应用系统需要设置不同的参数值，特别是"Pb""Ti""Td"*t* 四项，应请有经验的操作人员设定。当然也可以通过打开自整定参数功能来实现 PID 参数和自动整定。

（5）"AT"值的默认值为 OFF，将其设置成 ON 后，面板上的 AT 指示灯亮，仪表按照普通的二位式调节仪表来控制系统。经过上下 3 个振荡周期后，将会得出系统设定点的最佳 PID 参数值，并永久保存，除非用户自行更改，或重新启动自整定功能而使其改变。启用自整定时，应尽量避免引入任何的干扰信号，否则将可能导致得出不正确的参数，破坏系统的正常运行(注意：开启自整定功能前请先确定设定值，自整定的参数只对应设定点在该系统的相对参数)。

4.5.4　实验内容和步骤

（1）根据图 4-24 接线：将光纤探头安装在温度传感器光纤支架上，调节反射面(松开反射面上的固定螺钉)与光纤探头端面相距 1mm 左右(目测)，把光纤的两个头插入光纤传感器实验模板中的光电变换座的两个圆孔中，在加热器外罩顶部小圆孔中安装好 K 型热电偶，将温度传感实验模板中的三芯插座与主机箱温控仪中的加热二芯插座，用专用电源线连接，将温度传感实验模板中的加热三芯插座边上的红色和黑色插孔分别与主机箱温控仪中的冷却风扇 +12V 的"+""−"插孔相应连接。将光纤实验模板 ±15V、"⊥"(红、蓝、黑)与主机箱稳压

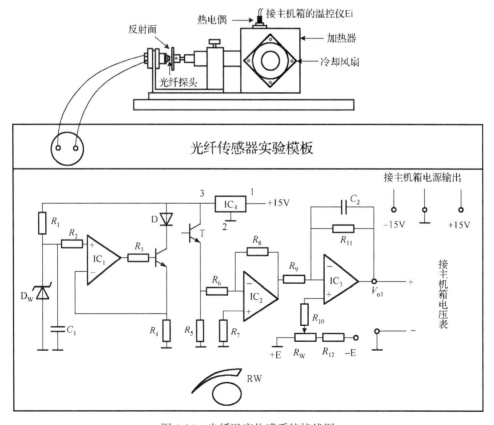

图 4-24　光纤温度传感系统接线图

电源±15V 、"⊥"相连接。光纤传感器实验模板的 V_{o1} 和 "⊥"插孔与主机箱电压表(2V 挡)的输入 "+" "−"插孔相连。

(2)打开主机箱电源,调节光纤传感器实验模板中 R_W 电位器,使主机箱上的电压表显示为 "0"(室温时,显示 0V),关闭主机箱电源。

(3)将温度传感器实验模板上加热器顶部的热电偶引线(注意极性)引入温控仪 Ei 传感器输入端(黄 "+"、蓝 "−"),打开主机箱电源,再打开温控仪电源开关,参照以上温度控制仪说明,设置温控仪的控制温度(即起始实验温度点:室温 ≤ 实验温度 ≤ 80℃),温度从 40℃开始,仪表每隔 5℃(重复设置温控仪 Δt 为 5℃),当温度加热与冷却平衡时,即温控仪的显示温度稳定不变时,记下主机箱电压表的读数,填入表 4-21,并根据实验数据在图 4-25 上作实验曲线。

表 4-21　光纤温度传感器输出电压

温控仪/℃	常温	40	45	50	55	60	65	70	75	80
电压表/V	0									

图 4-25　光纤传感器温度实验特性曲线

4.5.5　思考题

传导型光纤温度传感器的工作原理是什么?

第 5 章　测控电路设计

"测控电路"是测控技术与仪器专业重要的专业课程。该课程主要任务是使学生了解测控电路的功用、类型、组成及发展趋势；掌握工业生产和科学研究中常用的测量与控制电路的各个功能块，包括信号放大电路、信号转换电路、信号处理电路、信号运算电路、逻辑控制电路等；掌握测控电路的抗干扰技术；熟练运用电子技术解决测量与控制中的任务，合理地进行功能块的选用及电路总体设计。本课程是一门应用性和实践性很强的课程，该课程通过加强实践环节的训练，着重培养学生的动手能力、应用能力和工程意识，使学生掌握一种解决实际问题的手段，为后续课程、毕业设计及将来参加实际工作奠定基础。

本章主要介绍了"测控电路"课程的 8 个实验，包括 6 个基础实验和 2 个综合实验。基础实验分别是可编程增益放大器设计、压/频转换电路设计、频/压转换电路设计、窗口比较器设计、峰值检测电路设计、有源滤波器设计，综合实验分别是温度检测系统设计、载重检测系统设计。要求学生实验前复习与实验相关的理论知识，做好实验的预习，独立完成电路的设计、安装、调试，对数据进行分析，并撰写实验报告。

5.1　可编程增益放大器设计

5.1.1　实验目的

(1)了解可编程增益放大器的工作原理。
(2)学会可编程增益放大电路的设计及调试方法。
(3)熟悉集成电路 LM324、CD4051 的功能及电路的连接。
(4)学会运用单片机来控制可编程增益放大电路。
(5)掌握数据处理与测控系统软硬件开发的能力。

5.1.2　实验原理

可编程增益放大电路的结构形式多种多样，按所采用的放大器可分为单运放、多运放以及测量放大器可编程增益放大电路和单片集成可编程增益放大器。按输出信号分为模拟式和数字式可编程增益放大电路。

通用运放可编程增益放大电路是由多路模拟开关和通用集成运算放大器构成，根据所采用的运算放大器个数又可分为单运放和多运放两类。单运放电路如图 5-1 所示，通过开关的通断改变 N 的并联反馈电阻，来实现增益程控。增益与控制信号 A、B、C、D 关系见图 5-1。这种电路结构简单，输入电阻不变，但开关导通电阻将影响电路的精度，开关分布电容形成的切换尖峰影响电路的稳定可靠和工作速度，因此仅用于低增益和低精度的场合。

本实验是在学习完相应课程的基础上，独立完成实现"可编程增益放大器"功能电路的设计、连接、调试，并记录实验数据、分析实验结果。

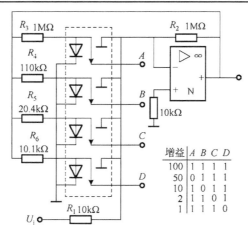

图 5-1　通用运放可编程增益放大电路

5.1.3　实验设备

(1) 直流稳压电源(+5V，±15V)1 台。

(2) 示波器 1 台。

(3) 万用表 1 块。

(4) 面包板 1 块。

(5) PC 1 台。

(6) 单片机仿真器及仿真软件 1 套。

(7) 单片机开发系统及单片机用户应用板 1 套。

(8) 芯片：LM324 1 片、CD4051 1 片等。

(9) 电阻：1kΩ 9 个、电位器 1 个等。

5.1.4　实验内容和步骤

1. 实验参考电路

该实验的参考电路如图 5-2 所示，运放 LM324 和电阻 R_1 及电阻 $R_2 \sim R_9$ 组成增益可调的反向输入比例运放，其闭环增益为$-R_F/R_1$，其中 R_F 即为 $R_2 \sim R_9$，由于选择电阻皆为 1kΩ，所以当开关 K_0 闭合时(其他开关断开)闭环增益为-1，若开关 K_1 闭合(其他开关断开)则闭环增益为-2。如此继续下去，闭环增益可以由-1 变化到-8，如果输入端加入-0.5V 电压，则输出端可得到$+0.5 \sim +4$V 的电压，采用 CD4051 型八路模拟开关，用微机(单片机开发系统)控制模拟开关 $K_0 \sim K_7$，八路开关间隔一定时间依次闭合，而且反复进行，则在输出端会得到连续的阶梯波形。

实验中选用集成电路 LM324、CD4051 和 8031 单片机系统。CD4051 为八路模拟开关，根据片选信号 A、B、C 的不同电平，控制开关 $K_0 \sim K_7$ 的开/关状态。8031 单片机程序用来控制片选信号 A、B、C 的不同电平。运放 LM324 和电阻 R_1 及电阻 $R_2 \sim R_9$ 组成增益可调的反向输入比例运算放大器，其闭环增益为

$$K_f = -\frac{R_F}{R_1} \tag{5-1}$$

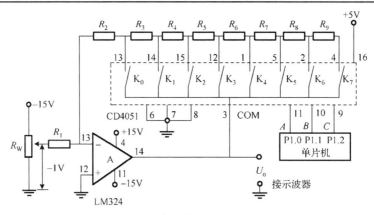

图 5-2 可编程增益放大器电路图
注：电阻均取 1kΩ

式中，R_F 为根据不同开关 $(K_0 \sim K_7)$ 的闭合状态，电阻 $R_2 \sim R_9$ 的不同个数相加之和，由于选择电阻皆为 1kΩ，所以当开关 K_0 闭合时 (其他开关断开) 闭环增益为−1，当开关 K_1 闭合时 (其他开关断开) 则闭环增益为−2，……当开关 K_7 闭合时 (其他开关断开) 则闭环增益为−8。闭环增益可以由−1 变化到−8，如果输入端加入−0.5V 电压，则输出端 U_o 可得到 +0.5～+4V 的电压。

2. 单片机系统

(1) 单片机系统包括 PC、单片机仿真器、单片机开发系统及单片机用户应用板、单片机仿真器软件。系统连接如图 5-3 所示。

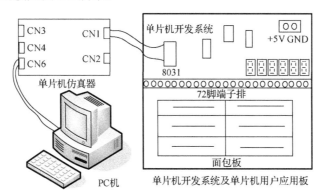

图 5-3 单片机开发系统连接示意图

(2) 将 CD4051 的片选信号 A、B、C 三端接到单片机开发系统及单片机用户应用板的 P1.0 (端子 18)、P1.1 (端子 19)、P1.2 (端子 20) 三端，同时将地线连接到开发板接地端 (端子 13)。线路连接好后，打开电源。进入计算机软件调试界面，编写汇编语言程序。

3. 实验步骤

(1) 检查实验设备及元器件是否齐全。

(2) 按实验电路图在面包板上连接实验电路，并检查确保无误。调节示波器并自检。

(3) 接通电源，并调节电位器 R_W，使运放的输入端为−0.5V 直流电压。

(4) 将 CD4051 的片选信号 A、B、C 端全部接地 (即为 0 0 0)，此时模拟开关 K_0 闭合，用示波器或万用表测量输出电压 U_o 应为 +0.5V。

(5)将 CD4051 的片选信号 A、B、C 端全部接+5V（即为 1 1 1），此时模拟开关 K_7 闭合，用示波器或万用表测量输出电压 U_o 应为+4V。

(6)将 CD4051 的片选信号 A、B、C 端分别接地或+5V（即从 0 0 0——1 1 1 依次变化），用示波器或万用表测量输出电压 U_o，并将数据记录到表 5-1 中。

(7)将 CD4051 的片选信号 A、B、C 端接单片机开发系统的 P1.0、P1.1、P1.2 三端。

(8)在计算机上用汇编语言编写单片机程序，要求能控制开关 $K_0 \sim K_7$ 按顺序分别闭合。运行程序，用示波器观察输出端的波形是否与所编程序的要求相符。

4. 实验参考程序

```
        ORG      0000H
MAIN:   MOV      A, #00H
KS:     MOV      P1, A
DL:     MOV      R7, #02H
DL1:    MOV      R6, # 0F FH
DL2:    DJNZ     R6, DL2
        DJNZ     R7, DL1
        INC      A
        CJNE     A, #08H, KS
        AJMP     MAIN
        SJMP     $
END
```

5. 实验数据记录（表 5-1）

表 5-1 可编程增益放大器实验数据记录表

模拟开关状态	片选信号			总电阻 R_F	闭环增益 K	输入电压为–0.5V 时的输出电压 U_o
	C	B	A			
只 K_0 闭合						
只 K_1 闭合						
只 K_2 闭合						
只 K_3 闭合						
只 K_4 闭合						
只 K_5 闭合						
只 K_6 闭合						
只 K_7 闭合						

5.1.5 思考题

(1)编写不同的程序在示波器上都能得到什么波形？

(2)总结本实验在实际生产生活中的应用及意义。

5.2 压/频(V/F)转换电路设计

5.2.1 实验目的

(1)了解压/频转换的工作原理，学会压/频转换电路的设计及调试方法。

(2)熟悉集成电路 LM331 的功能及电路的连接。

(3) 作出输入直流电压与输出脉冲频率的关系曲线。

(4) 掌握数据处理与测控系统硬件开发的能力。

5.2.2 实验原理

V/F (电压/频率) 转换器能把输入信号电压转换成相应的频率信号，即它的输出信号频率与输入信号电压值呈一定比例，故又称为电压控制(压控)振荡器(VCO)。V/F 转换器广泛地应用于调频、调相、模数转换器、数字电压表、数据测量仪器及远距离遥测遥控设备中。常用的 V/F 转换电路有：通用运放 V/F 转换电路和集成 V/F 转换器。通用运放 V/F 转换电路主要包括积分器、比较器和积分复员开关等。模拟集成 V/F 转换器大多采用电荷平衡型 V/F 转换电路作基本电路，如典型的 LM131 系列转换器。

LM131 用作 V/F 转换器的简化电路及振荡波形如图 5-4 所示，当正输入电压 $u_i > u_6$ 时，输入比较器输出高电平，使单稳态定时器输出端 Q 为高电平，输出管 V 饱和导通，频率输出端输出低电平 $u_o = U_{oL} \approx 0V$，同时，电流开关 S 闭合，精密电流源输出电流 i_S 对 C_L 充电。u_6 逐渐上升。此时，与引脚 5 相连的芯片内放电管截止，电源 U 经 R_t 对 C_t 充电，当 C_t 电压上升至 $u_5 = u_{C_t} \geq 2U/3$ 时，单稳态定时器输出改变状态，Q 端为低电平，使 V 截止，$u_o = U_{oH} = +E$，电流开关 S 断开，C_L 通过 R_L 放电，使 u_6 下降，同时，C_t 通过芯片内放电管快速放电到零。当 $u_6 \leq u_i$ 时，又开始第二个脉冲周期，如此循环往复，输出端便输出脉冲信号。

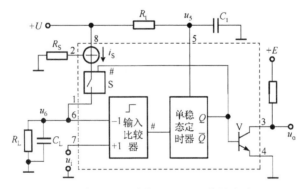

图 5-4　集成 V/F 转换器 LM131 简化电路图

输出脉冲的频率 f_o 与输入信号电压值 u_i 呈正比例关系。输出脉冲信号频率 f_o 的计算公式如式(5-2)。

$$f_o = \frac{1}{T} \approx \frac{R_S u_i}{1.9 \times 1.1 R_t C_t R_L} = \frac{1}{2.09} \cdot \frac{R_S}{R_L} \cdot \frac{1}{R_t C_t} \cdot u_i \tag{5-2}$$

式中，u_i 的单位为 V(伏)。

本实验在学习完相应课程的基础上，需独立完成实现"压/频(V/F)转换电路"功能的电路设计、连接、调试，并记录实验数据、分析实验结果。

5.2.3 实验设备

(1) 直流稳压电源(+5V, +15V) 1 台。

(2) 示波器 1 台。

(3)万用表 1 块。

(4)面包板 1 块。

(5)芯片：LM331 1 片。

(6)电阻：100kΩ 2 个、6.8kΩ 1 个、12kΩ 1 个、47kΩ 1 个、10kΩ 1 个、电位器 1 个等。

(7)电容：电解电容：100μF 1 个、1μF 1 个、0.01μF 1 个(103)等。

5.2.4　实验内容和步骤

1. 实验参考电路

该实验的参考电路如图 5-5 所示，当电源接通之后，电容 C_t 经电阻 R_t 充电，当 u_5 即电容 C_t 上的电压小于 $2/3V_{CC}$ 时，u_{out} 处于低电平，与此同时电容 C_L 经内部恒流源充电 $u_6 > u_7$，直到 C_t 上的电压即 u_5 大于或等于 $2/3V_{CC}$ 时，电路状态改变，输出电压 u_{out} 从低电平跃变到高电平，电容 C_t 放电,同时恒流源停止给 C_L 充电,于是 C_L 经电阻 R_L 放电,当 C_L 放电使得 $u_6 \leq u_7$ 时电路状态又发生改变，输出电压 u_{out} 从高电平变成低电平，电容 C_t 开始重新充电，电容 C_L 又重新经内部恒流源充电。如此往复，u_{out} 处于低电平的时间长短决定于时间常数 R_tC_t 的大小，对于组成的电路 R_tC_t 是常数，而输出电压 u_{out} 处于高电平的时间长短与 C_LR_L 放电时间常数有关，同时又与输入电压 u_{in} 有关。当 u_{in} 较低时，C_t 放电要经过较长时间才能达到 $u_6 \leq u_7(u_7 = u_{in})$，当 u_{in} 较高时，则需较短时间达到 $u_6 \leq u_7$，则电路状态提早发生改变，也就会使负脉冲的频率提高，所以输出负脉冲的频率是随输入的模拟电压的提高而增高。

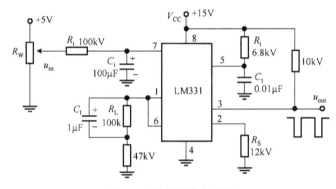

图 5-5　压/频转换电路图

输出频率理论计算结果：

当 $R_S = 12\text{k}\Omega$，$R_L = 100\text{k}\Omega$，$R_t = 6.8\text{k}\Omega$，$C_t = 0.01\mu\text{F}$ 时，

$$f_{out} = \frac{1}{2.09} \cdot \frac{R_S}{R_L} \cdot \frac{1}{R_tC_t} \cdot u_i = \frac{1}{2.09} \cdot \frac{12}{100} \cdot \frac{1}{6.8 \times 10^3 \times 0.01 \times 10^{-6}} \cdot u_i = 844.36 \cdot u_{in} \quad (5\text{-}3)$$

2. 实验步骤

(1)检查实验设备及元器件是否齐全。

(2)按实验电路图在面包板上连接实验电路，并检查确保无误。

(3)调节示波器并自检。

(4)接通电源，调节电位器 R_w，同时用万用表监视输入电压 u_{in} 为 1V 时，在示波器上观察输出曲线波形，调整到输出曲线波形为方波信号。

(5)调节电位器 R_W，使输入电压 u_{in} 从 0V 开始每隔 0.5V 记录一次，用示波器观察输出曲线的波形，并测量出输出信号 f_{out} 的频率，记录到表 5-2 中，直到输入电压 u_{in} 达到 5V。

(6)作出输出信号频率 f_{out} 与输入电压 u_{in} 之间的关系曲线：$f_{out} = f(u_{in})$。

(7)选作：分别修改参数 $R_t = 12k\Omega$、$R_S = 6.8k\Omega$、$R_L = 47k\Omega$，重复实验步骤(4)~(6)。

3. 实验数据记录(表 5-2)

表 5-2 V/F 转换电路实验数据记录表

输入电压 U_{in}/V	0	0.5	1	1.5	2	2.5	3	3.5	4	4.5	5
理论计算输出脉冲频率值 f_{out}/Hz											
示波器测量输出脉冲频率值 f_{out}/Hz											

5.2.5 思考题

(1)分别修改各个电阻的参数，分析电路中的各个参数对输出频率的影响。

(2)分析计算得出的频率值与测量的频率值之间产生的误差原因。

(3)总结本实验在实际生产生活中的应用及意义。

5.3 频/压(F/V)转换电路设计

5.3.1 实验目的

(1)学会频/压转换电路的设计、连接、调试方段及调试方法。

(2)了解集成电路 LM331 组成的频/压转换的工作原理及熟悉电路组装。

(3)作出输入脉冲频率与输出直流电压的关系曲线。

(4)掌握数据处理与测控系统硬件开发的能力。

5.3.2 实验原理

把频率变换信号线性地转换成电压信号的转换器称为 F/V 转换器(Frequency to Voltage Convertor，FVC)。F/V 转换器主要包括电平比较器、单稳态触发器和低通滤波器三部分。常用的 F/V 转换电路有通用运放 F/V 转换电路和集成 F/V 转换电路。

LM131 系列芯片也可用作 F/V 转换器，它的外接电路如图 5-6 所示，输入比较器的同相输入端由电源电压 U 经 R_1、R_2 分压得到比较电平 U_7(取 $U_7 = 0.9U$)，定时比较器的反相输入端由内电路加以固定的比较电平 $U_- = 2U/3$。

当 u_i 没有负脉冲输入时，$u_6 = U > U_7$，$U_1 = "0"$。RS 触发器保持复位状态 $\bar{Q} = "1"$。电流开关 S 与地端接通，晶体管 V 导通，引脚 5 的电压 $u_5 = u_{C_t} = 0$。当输入端 u_i 有负脉冲输入时，其前沿和后沿经微分电路微分后分别产生负向和正向尖峰脉冲，负向尖峰脉冲使 $u_6 < u_7$，$U_1 = "1"$。此时 $U_2 = "0"$，故 RS 触发器转为置位状态，$\bar{Q} = "0"$。电流开关 S 与 1 脚相接，i_S 对外接滤波电容 C_L 充电，并为负载 R_L 提供电流，同时晶体管 V 截止，U 通过 R_t 对 C_t 充电，其电压 u_{C_t} 从零开始上升，当 $u_5 = u_{C_t} \geq U_-$ 时，$U_2 = "1"$，此时 u_6 已回升至 $u_6 > U_7$，$U_1 = "0"$，

因而 RS 触发器翻转为复位状态，$\overline{Q}$ = "1"。S 与地接通，i_S 流向地，停止对 C_L 充电，V 导通，C_t 经 V 快速放电至 $u_{C_\mathrm{t}} = 0$，U_2 又变为 "0"。触发器保持复位状态，等待 u_i 下一次负脉冲触发。综上所述，每输入一个负脉冲，RS 触发器便置位，i_S 对 C_L 充电一次，充电时间等于 C_t 电压 u_{C_t} 从零上升到 $U_- = 2U/3$ 所需时间 t_1。RS 触发器复位期间，停止对 C_L 充电，而 C_L 对负载 R_L 放电。输出端平均电压计算公式：

$$u_\mathrm{o} = 1.9V \frac{t_1}{T_\mathrm{i}} \frac{R_\mathrm{L}}{R_\mathrm{S}} \approx 2.09 \frac{R_\mathrm{L}}{R_\mathrm{S}} R_\mathrm{t} C_\mathrm{t} f_\mathrm{i} \tag{5-4}$$

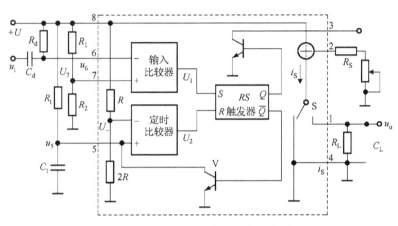

图 5-6 LM31 系列用在 F/V 转换电路原理图

可见电路输出的直流电压 u_o 与输入信号 u_i 的频率 f_i 呈正比例关系，实现频率/电压转换功能。电压/频率变换与频率/电压变换电路主要技术指标是线性度和灵敏度。

本实验是在学习完相应课程的基础上，独立完成实现"频/压(F/V)转换电路"功能电路的设计、连接、调试，并记录实验数据、分析实验结果。

5.3.3 实验设备

(1)直流稳压电源(+5V, +15V) 1 台。

(2)示波器 1 台。

(3)万用表 1 块。

(4)面包板 1 块。

(5)信号发生器 1 台。

(6)芯片：LM331 1 片、二极管 1 个。

(7)电阻：10kΩ 3 个、6.8kΩ 2 个、100kΩ 1 个等。

(8)电解电容：1μF 1 个、0.01μF 2 个(103)等。

5.3.4 实验内容和步骤

1. 实验参考电路

该实验的参考电路如图 5-7 所示，当输入端输入方波信号时，微分限幅电路之后加入 6 脚的是正向窄脉冲，经 LM331 内部电子开关作用，使 1 脚产生同样频率的正向窄脉冲，给电容充电，当正脉冲过去之后，电容经电阻放电，由于电容的充电时间快，放电时间慢，所以脉冲频率越高输出的直流电平越高，频率越低，输出的直流电平越低，这就形成了频/压变换的作用。

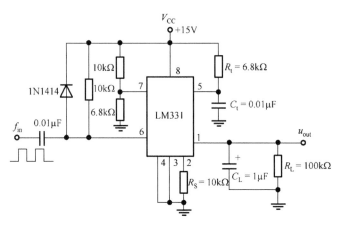

图 5-7 频/压转换电路图

输出电压理论计算结果：

当 $R_S = 10\text{k}\Omega$，$R_L = 100\text{k}\Omega$，$R_t = 6.8\text{k}\Omega$，$C_t = 0.01\mu\text{F}$ 时，

$$u_{out} = 2.09\frac{R_L}{R_S}R_tC_tf_{in} = 2.09\frac{100}{10}\times6.8\times10^3\times0.01\times10^{-6}\times f_{in} = 1.4212\times10^{-3}f_{in} \tag{5-5}$$

2. 实验步骤

(1) 检查实验设备及元器件是否齐全。

(2) 按实验电路图在面包板上连接实验电路，并检查确保无误。

(3) 调节示波器并自检。

(4) 调节信号发生器，输出一个方波信号，用示波器测量，对仪器进行验证。

(5) 频/压变换电路的输入端接信号发生器产生的方波，调节频率到 1kHz，用万用表测量输出电压 u_{out}。同时用示波器观察输入信号及输出信号波形。

(6) 调节信号发生器方波的频率 f_{in}，从 0.1~3kHz，每隔 0.3kHz 计录一次数据，依次将信号发生器的频率 f_{in} 和输出电压 u_{out} 的值记录到实验表格中。同时用示波器观察输入信号及输出信号波形。

(7) 作出输出电压与输入信号频率之间的关系曲线：$u_{out} = f(f_{in})$。

(8) 选作：分别修改参数 $R_t = 3\text{k}\Omega$、$R_S = 4.7\text{k}\Omega$、$R_L = 47\text{k}\Omega$，重复实验步骤(4)~(7)。

3. 实验数据记录（表 5-3）

表 5-3 频/压(F/V)转换电路实验数据记录表

输入频率 f_{in}/kHz	0.1	0.3	0.6	0.9	1.2	1.5	1.8	2.1	2.4	2.7	3.0
理论计算的输出电压值 u_{out}/V											
测量得到的输出电压值 u_{out}/V											

5.3.5 思考题

(1)分别修改各个电阻的参数，分析电路中的各个参数对输出电压的影响。

(2)分析计算得出的电压值与测量得到的电压值之间产生的误差原因。

(3)总结本实验在实际生产生活中的应用及意义。

5.4 窗口比较器设计

5.4.1 实验目的

(1)进一步熟悉窗口电压比较器的工作原理。

(2)学会窗口电压比较器电路的设计、连接及调试方法。

(3)熟悉集成芯片 LM324、74LS00 的功能及电路的组装。

(4)掌握数据处理与测控系统硬件开发的能力。

5.4.2 实验原理

模拟电压比较电路是用来鉴别和比较两个模拟输入电压大小的电路。比较器的输出反映两个输入量之间相对大小的关系，其符号和理想比较器特性如图 5-8 所示。

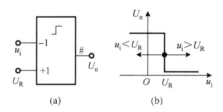

图 5-8 电压比较器及其特性图

当 $u_i < U_R$ 时，比较器输出逻辑 1 电平；当 $u_i > U_R$ 时，输出为逻辑 0 电平。$u_i = U_R$，是输出发生变化的临界点。比较器的输入量是模拟量，输出量是数字量，所以兼有模拟电路和数字电路的某些属性，是模拟电路和数字电路之间联系的桥梁，是重要的接口电路。

要判断 u_i 是否在两个电平之间，需采用窗口比较电路，如图 5-9 所示。它由两个电压比较器和一个与非门构成。电源 E 和稳压管 V_S 及电阻 R_1、R_2 和 R_P 构成基准电压电路。下限比较器的 N_2 反相输入端的基准电压为 $U_{R2} = E - U_Z$，上限比较器的 N_1 同相输入端的基准电压为 $U_{R1} = U_Z R_P / (R_1 + R_P) + U_{R2} = K U_Z + U_{R2}$。可见：当 $u_i < U_{R2}$ 时，$U_{o1} = "1"$，$U_{o2} = "0"$，则 $U_o = "1"$；当 $U_{R2} < u_i < U_{R1}$ 时，$U_{o1} = "1"$，$U_{o2} = "1"$，则 $U_o = "0"$；当 $u_i > U_{R1}$ 时，$U_{o1} = "0"$，$U_{o2} = "1"$，则 $U_o = "1"$。

比较电路传输特性如图 5-10 所示，窗口的位置由 U_{R1}、U_{R2} 决定，窗口的宽度 $\Delta U = U_{R1} - U_{R2} = K U_Z$，取决于 R_1 和 R_P 的分压系数 K。窗口比较电路的用途很广，如用在产品的自动分选、质量鉴别等场合。

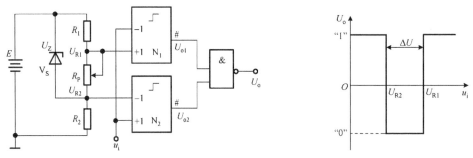

图 5-9　窗口比较电路原理图　　　　　图 5-10　窗口比较电路传输特性图

本实验是在学习完相应课程的基础上，独立完成实现"窗口比较器电路"功能电路的设计、连接、调试，并记录实验数据、分析实验结果。

5.4.3　实验设备

(1) 直流稳压电源(+5V，±15V)1 台。

(2) 万用表 1 块。

(3) 面包板 1 块。

(4) 芯片：LM324 2 片、74LS00 1 片、发光二极管 4 个等。

(5) 电阻：510kΩ 4 个、电位器 1 个等。

5.4.4　实验内容和步骤

1.　参考电路

该实验的参考电路如图 5-11 所示，电路中 $R_1 \sim R_4$ 皆为 510Ω 电阻，它们组成分压器，所以 A、B、C、D 各点的电压分别为 1.25V、2.5V、3.75V、5V。当输入电压 $u_i=0 \sim 1.25$V 时，与门 Y_1 两输入端皆为高电平，其输出端为低电平，发光二极管 D_1 亮，表示电压进入了 0～1.25V 这个区域；同理，当 $u_i=1.25 \sim 2.5$V 时，发光二极管 D_2 亮；当 $u_i=2.5 \sim 3.75$V 时，发光二极管 D_3 亮；当 $u_i=3.75 \sim 5$V 时，发光二极管 D_4 亮。这样便组成了区域电压比较器，只要看到某一个发光二极管亮就会知道输入电压 u_i 在什么区域范围。

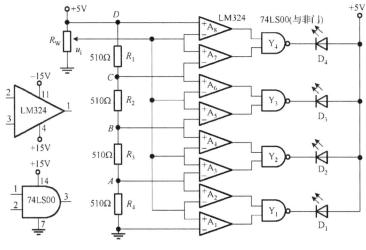

图 5-11　窗口比较器电路图

2. 实验步骤

(1)检查实验设备及元器件是否齐全。

(2)按实验电路图在面包板上连接实验电路，并检查确保无误。

(3)LM324 接 ±15V 电源，74LS00 用+5V 电源，其余用+5V 电源。

(4)接通电源后，首先用直流电压表测量并记录 A、B、C、D 各点的电压。

(5)用直流电压表监视输入电压 u_i，缓慢调节电位器 R_W，使输入电压 u_i 由 0V 逐渐提高，直到+5V，观察发光二极管发亮的顺序是否与预期的结果一致，同时将发光二极管 $D_1 \sim D_4$ 发亮时输入电压的范围记录下来。

(6)选作：分别修改参数 $R_1 = 1k\Omega$，$R_2 = 1k\Omega$，$R_3 = 1k\Omega$，$R_4 = 1k\Omega$，重复实验步骤(4)～(5)。

3. 实验数据记录(表 5-4～表 5-5)

表 5-4　窗口比较器实验电压区间数据记录表

测量点	A	B	C	D
理论计算电压值/V				
测量电压/V				

表 5-5　窗口比较器实验亮灯数据记录表

灯亮	D_1 灯亮	D_2 灯亮	D_3 灯亮	D_4 灯亮
理论计算电压值/V				
测量输入电压 u_i 的范围/V				

5.4.5　思考题

(1)重新设计电路，假设要测量的输入的最大电压范围很高(假如为 40V)或很低(假如为 0.04V)，并画出电路图。

(2)分析设计电路电压各区域之间的对应关系。

(3)总结做完这个实验得到什么启发，它有什么实际应用价值？

5.5　峰值检测电路设计

5.5.1　实验目的

(1)进一步熟悉峰值检测电路的工作原理。

(2)学会峰值检测电路的设计、连接及调试方法。

(3)熟悉集成芯片 LM324 的功能及电路的组装。

(4)掌握数据处理与测控系统硬件开发的能力。

5.5.2　实验原理

峰值运算电路的基本原理就是利用二极管单向导电特性，使电容单向充电，记忆其峰值。为了克服二极管管压降的影响，可以采用图 5-12 所示的电路，将二极管 D 放在跟随器反馈电路中。只要输入电压 $U_i < U_c$，则二极管 D 截止。当 $U_i > U_c$ 时，D 导通，电容 C 充电，使得 $U_i = U_c$。这样电容 C 一直充电到输入电压的最大值。后级电压跟随器具有较高的输入阻抗，电容 C 可以保持峰值较长时间。开关 S 的作用是为了在新的测量开始时将电容 C 放电。对电路的主要要求是：①N_1 的输出阻抗低，R_1 的阻值小。使 C 能快速充电，U_c 能跟随 U_i 的增大而变化。②电容 C 的漏电流小，开关 S 的泄露电阻大，N_2 的输入阻抗大，使 U_0 能保持峰值。

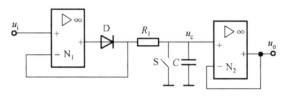

图 5-12　峰值运算电路图

放大器 N_1 的电容负载容易使其产生振荡，可在电路中接入电阻 R_1，延长电容 C 的充电时间来避免振荡，但这是以牺牲 U_c 对 U_i 的快速响应为代价的。另外，当 $U_i < U_c$ 时，N_1 处于饱和状态，由此产生的恢复时间限制了该电路在低频范围的应用。

如图 5-13 所示的电路克服了以上两个缺点。N_1 工作在反向放大状态，当 $U_i > -U_c$ 时，U_1 为负，二极管 D_1 导通，使 C 迅速充电，U_c 的绝对值增大至输出电压 $U_o = -U_i$。二极管 D_1 的导通电压以及放大器 N_2 的输入失调电压的影响都被消除了。当输入电压下降时，U_1 上升，D_1 截止，使 N_1、N_2 处于分离状态，U_1 上升直到二极管 D_2 导通，对放大器 N_1 构成负反馈，从而避免了过度饱和。U_i 的反向峰值存于电容 C 中，测量结束后，可以通过开关 S 放电。利用正负峰值电路以及相加或相减电路可以构成各种峰值电路，获得被测参数的最大变化量。

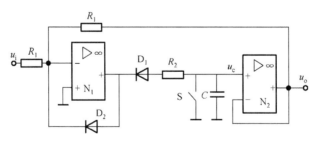

图 5-13　改进的峰值运算电路图

本实验是在学习完相应课程的基础上，独立完成实现"峰值检测电路"功能电路的设计、连接、调试，并记录实验数据、分析实验结果。

5.5.3　实验设备

(1)直流稳压电源(+5V，±15V)1 台。
(2)示波器 1 台。

（3）万用表 1 块。

（4）面包板 1 块。

（5）信号发生器 1 台。

（6）芯片：LM324 2 片、二极管 2 个等。

（7）电阻：$1k\Omega$ 5 个、电位器 1 个等。

（8）电解电容：$4.7\mu F$ 2 个等。

5.5.4　实验内容和步骤

1. 实验参考电路

该实验的参考电路如图 5-14 所示，电路中运放 A_1、A_2 与二极管 D_1、D_2 分别组成负半波和正半波检波器给电容 C_1、C_2 充电，充电到半波的峰值，运放 A_3、A_4 都是电压跟随器起阻抗变换作用，它们分别输出正、负直流电压送入由运放 A_5 所组成的减法器，它的输出则是两个正、负直流电压之差，这个差值便是输入同期信号正、负半波峰值之间的绝对值。

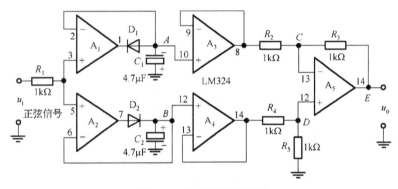

图 5-14　峰值检测电路图

2. 实验步骤

（1）检查实验设备及元器件是否齐全。

（2）按实验电路图在面包板上连接实验电路，并检查确保无误。

（3）调节示波器并自检。

（4）在输入端用信号发生器给定一个 50Hz 的正弦波输入信号，并用示波器测量正弦波输入信号和输出电压的峰-峰值，验证 E 点的直流电压是否等于输入信号的峰-峰值。

（5）给定输入信号不变，先去掉电容 C_1、C_2，用示波器分别观察 A、B、C、D、E 各点波形，并测量出输出电压的幅值，验证 E 点的直流电压是否等于输入信号的峰-峰值。

（6）给定输入信号不变，再把电容 C_1、C_2 按图 5-14 位置加上，用示波器观察 A、B、C、D、E 各点波形，测量出输出电压的幅值，验证 E 点的直流电压是否等于输入信号的峰-峰值。

（7）调节输入端信号发生器的 50Hz 的正弦波输入信号，给定 5 个不同的峰-峰值电压，重复步骤（4）～（6），分别测量出输出电压的幅值。

3. 实验数据记录

在表 5-6 中分别记录有电容 C_1、C_2 和无电容 C_1、C_2 时实验数据。

表 5-6　峰值检测电路实验数据记录表

输入 50Hz 正弦信号电压的峰–峰值/V					
有电容 C_1C_2	A 点波形及幅值				
	B 点波形及幅值				
	C 点波形及幅值				
	D 点波形及幅值				
	E 点波形及幅值				
无电容 C_1C_2	A 点波形及幅值				
	B 点波形及幅值				
	C 点波形及幅值				
	D 点波形及幅值				
	E 点波形及幅值				

5.5.5　思考题

(1) 根据测量的数据及波形，分析实验结果。

(2) 对比理论分析与实际测量的结果，分析产生误差的原因。

(3) 本实验在实际生产生活中的应用及意义。

5.6　有源滤波器设计

5.6.1　实验目的

(1) 深入了解有源滤波器的工作原理，电路中参数对频率特性的影响。

(2) 了解低通、高通、带阻、带通滤波器的频率特性。

(3) 学会有源滤波器电路的设计、连接调试手段及调试方法。

(4) 掌握数据处理与测控系统硬件开发的能力。

5.6.2　实验原理

滤波器是具有频率选择作用的电路或运算处理系统，当信号与噪声发布在不同频带中时，可以从频率域实现信号分离。按所测量信号形式不同，滤波器可分为模拟和数字两大类。两者在功能特性方面有许多相似之处，在结构组成方面又有很大差别，前者测量对象为连续的模拟信号，后者为离散的数字信号。

滤波器对不同频率的信号有三种不同的选择作用：①在通带内使信号受到很小的衰减而通过；②在阻带内使信号受到很大的衰减而抑制；③在通带与阻带之间的一段过渡带使信号受到不同程度衰减。滤波器的三种频带在全频带中分布位置不同，可实现对不同频率信号的选择作用。根据所选择的频率，滤波器可分为四种不同的基本类型。

(1) 低通滤波器(LPF)，通带从零延伸到某一规定的上限频率。

(2) 高通滤波器(HPF)，通带从某一规定的上限频率延伸到无穷大。

(3)带通滤波器(BPF),通带位于两个有限非零的上下限频率之间。

(4)带阻滤波器(BEF),阻带位于两个有限非零的上下限频率之间。

各种滤波器的通带与阻带如图 5-15 所示。通带与阻带之间是过渡带。此外还有一种全通滤波器,各种频率的信号都能通过,但不同频率信号的相位有不同变化,它实际上是一个移相器。滤波器的主要特性指标是:①特征频率;②增益与衰耗;③阻尼系数与品质因数;④灵敏度;⑤群时延函数。

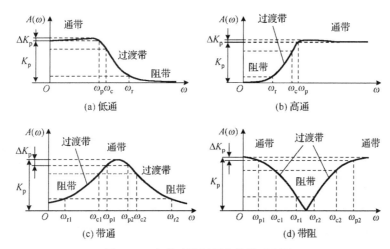

图 5-15　各种滤波器频率特性示意图

本实验是在学习完相应课程的基础上,独立完成实现低通、高通、带阻、带通四种不同类型的"有源滤波器电路"功能电路的设计、连接、调试,并记录实验数据、分析实验结果。

5.6.3　实验设备

(1)直流稳压电源(±15V)1 台。

(2)示波器 1 台。

(3)万用表 1 块。

(4)面包板 1 块。

(5)信号发生器 1 台。

(6)芯片:LM324 1 片。

(7)电阻:9.1kΩ 3 个、20kΩ 1 个等。

(8)电容:6800pF 1 个、14nF 1 个、0.01μF(103)2 个等。

5.6.4　实验内容及步骤

1. 实验参考电路

该实验的参考电路如图 5-16 所示,(a)图为一低通滤波器,其高截止频率为 f_H = 1kHz;(b)图为一高通滤波器,其低截止频率为 f_L = 2kHz;电路参数不变,将滤波器电路并联组成(c)图电路便构成带阻滤波器;而(d)图中 R_1、R_2、C_1、C_2 和运放 A_4 组成低通滤波器,将其

高截止频率设计为 f_H = 2kHz，而 C_3、C_4、R_3、R_4 和运放 A_5 组成高通滤波器，将其低截止频率设计为 f_L = 1kHz，两部分串联之后便组成带通滤波器。

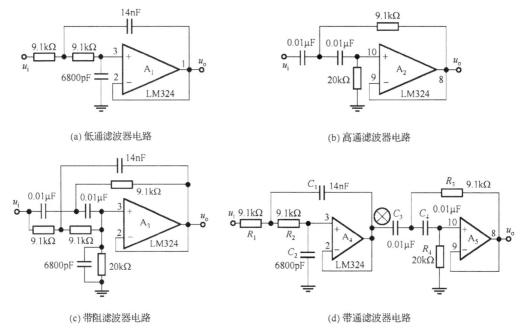

(a) 低通滤波器电路　　　　　　　　(b) 高通滤波器电路

(c) 带阻滤波器电路　　　　　　　　(d) 带通滤波器电路

图 5-16　有源滤波器电路图

2. 实验步骤

(1) 检查实验设备及元器件是否齐全，调节示波器并自检。

(2) 低通滤波器：按实验电路图 5-16(a) 在面包板上连接实验电路，并检查确保无误后再接通电源。将信号发生器产生的正弦信号送入图 5-16(a) 的输入端 u_i，要求信号幅值不变，改变频率，从低频逐渐调节到高频，在输出端 u_o 用示波器观察信号幅值的变化，找出其高截止频率 f_H。作出低通滤波器的频率特性曲线。

(3) 高通滤波器：按实验电路图 5-16(b) 在面包板上连接实验电路，并检查确保无误后再接通电源。将信号发生器产生的正弦信号送入图 5-16(b) 的输入端 u_i，要求信号幅值不变，改变频率，从低频逐渐调节到高频，在输出端 u_o 用示波器观察信号幅值的变化，找出其低截止频率 f_L。作出高通滤波器的频率特性曲线。

(4) 带阻滤波器：按实验电路图 5-16(c) 在面包板上连接实验电路，并检查确保无误后再接通电源。将信号发生器产生的正弦信号送入图 5-16(c) 的输入端 u_i，要求信号幅值不变，改变频率，从低频逐渐调节到高频，在输出端 u_o 用示波器观察信号幅值的变化，找出其高截止频率 f_H 和其低截止频率 f_L。作出带阻滤波器的频率特性曲线。

(5) 带通滤波器：按实验电路图 5-16(d) 在面包板上连接实验电路，并检查确保无误后再接通电源。将信号发生器产生的正弦信号送入图 5-16(d) 的输入端 u_i，要求信号幅值不变，改变频率，从低频逐渐调节到高频，在输出端 u_o 用示波器观察信号幅值的变化，找出其低截止频率 f_L 和其高截止频率 f_H。作出带通滤波器的频率特性曲线。

(6) 选作：分别修改图中电阻和电容的参数，测量滤波器的频率特性。

3. 实验数据记录(表 5-7)

表 5-7　有源滤波器实验数据记录表

滤波器	低通	高通	带阻	带通
f_H				
f_L				
频率特性曲线				

5.6.5　思考题

(1)比较低通、高通、带阻、带通滤波器的频率特性，分析它们之间的关系。

(2)计算四种滤波器的频率值，与实验结果进行比较，分析误差原因。

(3)总结本实验在实际生产生活中的应用及意义。

5.7　温度检测系统设计

5.7.1　实验目的

(1)熟悉温度传感器的结构、工作原理及使用方法。

(2)掌握传感器输出信号的调理方法。

(3)熟练应用计算机，实现计算机对温度信号的采集、处理、显示。

(4)通过本实验，使学生具备测控系统的综合设计能力。

5.7.2　实验原理

实验中采用温度传感器测量温度，通过电桥电路及转换放大电路将温度的变化转换为电压变化，应用放大电路将电压信号放大到符合单片机数据采集要求的 0～5V 信号。用单片机的 A/D 转换电路采集电压信号，实现计算机数据采集、显示。

5.7.3　实验设备

温度传感器、温度源、放大器芯片、各种阻值的电阻等电子元器件、标准±4V、±15V 直流稳压电源、万用表、PC、计算机采集卡 PCL818、计算机采集卡端子板 PCLD8115。

5.7.4　实验内容和步骤

1. 实验方法

温度检测系统的系统结构图如图 5-17 所示，该系统由温度传感器、测量转换电路、放大电路、计算机采集卡、计算机、上位机软件组成。

在本次实验中，需要综合学过的理论知识，对温度传感器、放大器芯片进行选型，完成测量转换电路、放大电路和 A/D 转换电路的设计，以及上位机软件的编写，通过实验完成电路的连接、调试，并对实验结果进行分析。

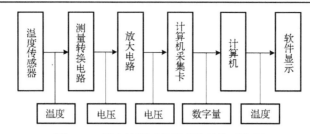

图 5-17　温度检测系统的系统结构示意图

2．实验步骤

(1)根据实验要求，完成温度检测系统方案设计。

(2)设计温度测量、转换电路，完成传感器、放大器芯片等选型。

(3)设计实验系统的硬件电路连接图。

(4)完成系统的硬件连接、调试，并按实验要求调节测量电路的零点，进行温度的检测，测量相对应的输出电压，以验证温度检测电路。测量依次提高温度时 V_{out} 的输出电压值，并记录。

(5)给出连续变化的温度参量，使系统进行连续的温度参量的检测并进行数据记录。

(6)分析实验数据，采用相应的数据处理方法以减小随机误差及系统误差。

(7)构建计算机数据采集系统。通过计算机进行数据采集、处理、显示，并比对已知温度标准量，以验证检测系统的正常工作。

3．实验数据记录（表 5-8）

表 5-8　实验数据记录表

温度/℃								
温度转换放大后电压 V_{out}/V								
计算机显示的温度值/℃								
误差								

5.7.5　思考题

(1)分析温度检测系统产生误差的原因及消除误差的方法。

(2)电路设计应采取哪些抗干扰措施？

5.8　载重检测系统设计

5.8.1　实验目的

(1)熟悉电阻式应变片的结构、工作原理及使用方法。

(2)掌握应变片压力信号处理的方法。

(3)熟练应用计算机对载重信号采集、处理、显示。

(4)具备测控系统的综合设计能力。

5.8.2　实验原理

实验中采用电阻式应变片测量压力，通过电桥电路及转换放大电路的设计，将载重物体重量的变化转换为电压量的变化，通过放大电路将电压信号放大到符合单片机数据采集要求的 0～5V 信号。用单片机的 A/D 转换电路采集电压信号，通过计算机编写数据采集程序、数据处理程序、工程量变换程序、显示程序等，实现计算机的采集、处理、显示。

电阻丝在外力作用下发生机械变形时，其电阻值发生变化，这就是电阻应变效应，描述电阻应变效应的关系式为：$\Delta R / R = K\varepsilon$，式中，$\Delta R / R$ 为电阻丝电阻相对变化，K 为应变灵敏系数，$\varepsilon = \Delta l / l$ 为电阻丝长度相对变化。如果在受力轴的上下表面贴上 4 个电阻应变片组成桥式电路，便可测出压缩力及拉伸力，即可测出压力(重量)的大小。

5.8.3 实验设备

应变传感器实验模板、电阻式应变片、砝码(每枚 50 克，共 10 枚)、放大器芯片、各种阻值的电阻等电子元器件、标准±4V、±15V 直流稳压电源、万用表、PC、计算机采集卡 PCL818、计算机采集卡端子板 PCLD8115。

5.8.4 实验内容和步骤

1. 实验方法

载重检测系统的系统结构如图 5-18 所示，该系统由电阻应变片、桥式转换电路、放大电路、PC、计算机采集卡 PCL818 及上位机软件组成。

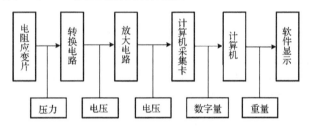

图 5-18 载重检测系统结构示意图

在本次实验中，需要综合学过的理论知识，对应变片、放大器芯片进行选型，完成测量转换电路、放大电路和 A/D 转换电路的设计以及上位机软件的编写，通过实验完成电路的连接、调试，并对实验结果进行分析。

设计过程可参考如图 5-19 所示应变片转换及放大电路。四个应变片分别贴在弹性体的上下两侧，弹性体受到压力发生形变，应变片随弹性体形变被拉伸或被压缩。

2. 实验步骤

(1)根据实验要求，完成载重检测系统方案设计。

(2)设计载重测量、转换电路，完成传感器、放大器芯片等选型。

(3)设计实验系统的硬件电路连接图。

(4)连接应变片及其调理电路，并按实验要求调节测量电路的零点：接入±15V 电源，检查无误后，合上主控台电源开关，将差动放大器的输入端 U_i 短接，输出端 U_{o2} 接数显电压表(选择 2V 挡)。调节电位器 R_{W4}，使电压表显示为 0V。R_{W4} 的位置确定后不能改动，关闭电源。

(5)根据自己设计的应变片调理电路，将受力相反(一片受拉，一片受压)的两对应变片分别接入电桥的邻边。接好电桥调零电位器 R_{W1}，直流电源±4V，电桥输入接到差动放大器的输入端 U_i。检查接线无误后，接通 15V 电源，调节 R_{W1}，使电压表显示为 0V。

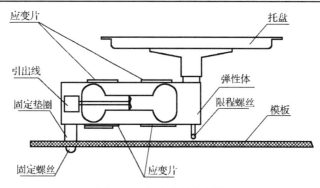

图 5-19　应变片的布置图

　　(6)在应变传感器托盘上放置一只砝码,调节 R_{W3},调节放大器的增益。保持 R_{W3} 不变,依次增加砝码和读取相应的 U_{o2} 电压值。

　　(7)给出连续变化的压力参量,使系统进行连续的压力参量的检测并进行数据记录。

　　(8)分析、计算、处理实验数据,采用相应的数据处理方法以减小随机误差及系统误差。

　　(9)构建计算机数据采集系统。通过计算机进行数据采集、处理、显示,并比对已知压力标准量,以验证检测系统的正常工作。

3. 实验数据记录(表 5-9)

表 5-9　实验数据记录表

砝码重量/g							
传感器输出电压 U_{o2}/V							
单片机采集的十六进制数/H							
PC 显示的重量值/(10^{-2}N·m)							

5.8.5　思考题

　　(1)分析载重检测系统产生误差的原因及消除误差的方法。

　　(2)抑制电磁干扰通常采取哪些措施?

附录 A　实验中所用集成电路简介

1. LM324 运算放大器(图 A-1)

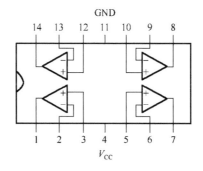

图 A-1　LM324 运算放大器

2. CD4051 八路模拟开关（图 A-2）

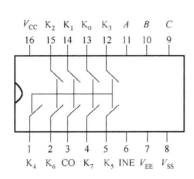

真值表

C	B	A	K
0	0	0	0
0	0	1	1
0	1	0	2
0	1	1	3
1	0	0	4
1	0	1	5
1	1	0	6
1	1	1	7

图 A-2　CD4051 八路模拟开关

3. 74LS00 两输入端四与非门（图 A-3）

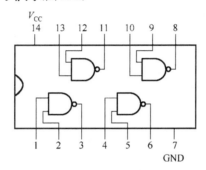

图 A-3　74LS00 两输入端四与非门

4. LM331 芯片介绍

LM331 器件是一种性能价格比较高的集成电路，很适合用作精密频率电压转换器、长时间积分器、线性频率调制或解调等功能电路。主要特点有：双电源或单电源供电（单电源在 4～40V 范围内均能工作）；高的线性度（0.01%）；脉冲输出与所有逻辑形式兼容；稳定性好，温度系数 $\leqslant 50 \times 10^{-6}$ / ℃；功耗低，当电源为 5V 时，功耗为 15mW；动态范围宽（10kHz 满量程频率下最小值为 100dB）；满量程频率范围（1～100kHz）。

1 脚：输出电流 I_0 输出端。它是内部一个精密电流源的输出端。

2 脚：基准电流 I_S 输出端。该脚对地电压的典型值为 1.9V。在使用时，一般对地接一电阻 R_S，其典型值取 14kW，实际应用时取 3.8～150kW。

3 脚：脉冲频率输出端。该端子内部是一个三极管集电极，且集电极开路输出。故在使用时，一定要外接一上拉电阻。

4 脚：接地端（或负电源端）。

5 脚：外接定时电阻和定时电容端。该脚是内部单稳态触发器的外接定时元件端子。

6 脚：阈值电压输入端。它是内部一个比较器的反相输入端，该端的电压与 7 脚输入电压相比较，并根据比较结果启动内部的单稳定时电路。

7 脚：被转换的外部电压输入端。

8 脚：正电源端。

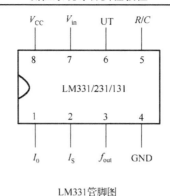

LM331管脚图

附录B　虚拟实验测试系统介绍

　　针对测控电路实验要求和实验特点，几乎每个实验都要用到示波器和信号发生器，由于实验的主要目的不在仪器的使用上，关键是要对实验电路选取不同参数来进行分析和测试。而每次实验中调试示波器和信号发生器这样的仪器要用很多时间，购买示波器和信号发生器这样的仪器也要花费很多资金。针对现有实验室都已配有微机的情况下，只要再配置数据采集卡及相应软件就可以代替示波器和信号发生器等仪器。针对实验室的现有条件，研制开发了虚拟实验测试系统，该系统改进了实验手段，提高了实验效率，实验数据可以存储打印等。数据采集卡有多个通道，可以设置输出和测量多路信号。

　　开发研制出的虚拟实验测试系统，硬件系统主要由一台微机和一块研华 PCL818 数据采集卡和一块 PLCD8115 端子卡组成，软件系统是主要在 Windows 操作系统下的虚拟实验测试系统应用软件，该软件界面友好，操作简单，使用方便。虚拟实验测试系统硬件连接如图 B-1 所示。

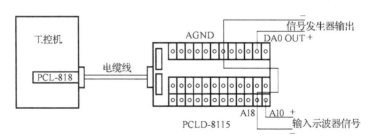

图 B-1　虚拟实验测试系统硬件连接图

　　虚拟实验测试系统软件窗口界面如图 B-2 所示。图中界面的左边是信号发生器的功能，可以选择输出的波形有正弦波、方波和三角波三种类型，还可以选择信号发生器的输出频率值和幅值大小。界面的右边是示波器的功能，可以测量各种信号的波形。

　　对于 V/F 转换器实验，当选取输入电压信号为 U_{in} = 4V 时，通过测量得到输出的频率值为 F_{out} = 6Hz。图 B-3 中显示的是 V/F 转换器实验软件窗口界面，在界面的右边示波器上显示的是频率为 6Hz 的方波信号。图 B-4 中显示的是 V/F 转换器实验照片，图中用万用表测量的是输入电压信号为 U_{in} = 4V，在操作台上测量显示的频率信号是频率值为 6Hz。与计算机中虚拟实验测试系统软件界面中测量结果一致。

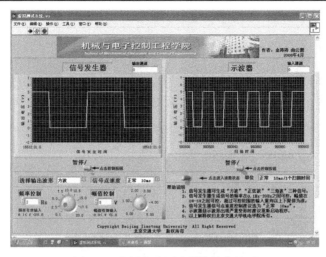

图 B-2　虚拟实验测试系统软件界面

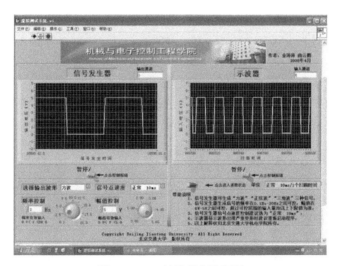

图 B-3　V/F 转换器实验界面

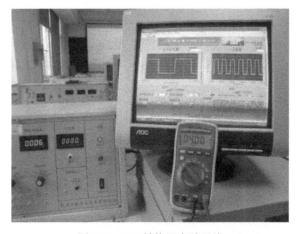

图 B-4　V/F 转换器实验照片

同樣對於 F/V 轉換器實驗。當選取輸入頻率信號為 $f_{in} = 4\text{Hz}$ 的方波信號時，通過測量得到輸出的電壓值為 $U_{out} = 5.06\text{V}$。圖 B-5 中顯示的是 F/V 轉換器實驗軟件窗口界面，在界面的左邊信號發生器上顯示的是頻率為 4Hz 的方波信號，右邊示波器上顯示的是輸出電壓值為 5.06V 的直流電壓信號。圖 B-6 中顯示的是 F/V 轉換器實驗照片，圖中用萬用表測量的是輸出電壓信號為 $U_{out} = 5.06\text{V}$。與計算機中虛擬實驗測試系統軟件界面中測量結果一致。

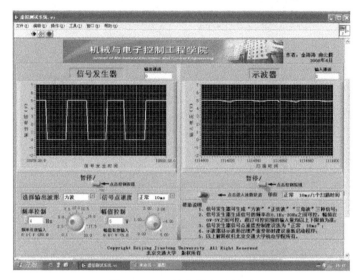

圖 B-5　F/V 轉換器實驗界面

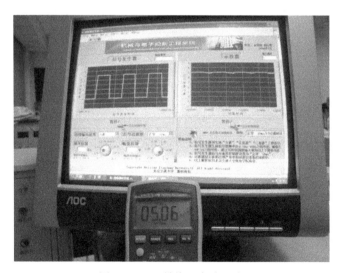

圖 B-6　F/V 轉換器實驗照片

第6章 自动控制元件

"自动控制元件"课程是测控技术与仪器专业的专业课程，本课程的主要任务是使学生了解控制系统常用执行元件的作用与分类；掌握电磁学基本概念及定律；了解永磁材料的特性，重点掌握各种常用电机的工作原理、机械特性及控制方法。本课程是一门应用性和实践性很强的课程，通过加强实践环节的训练，着重培养学生的动手能力、应用能力和解决实际问题的能力，为后续课程、毕业设计及将来参加实际工作奠定基础。

本章主要介绍了"自动控制元件"课程的 4 个电机实验，分别为直流测速发电机性能实验、直流伺服电机静态特性实验、步进电机性能实验及步进电机转速闭环控制实验。

6.1 直流测速发电机性能实验

6.1.1 实验目的

(1)了解直流测速发电机正转、反转、空载和负载不同工况下发电机的端电压随转速的变化关系。

(2)学会计算直流测速发电机各工况下输出斜率、线性误差和输出电压不对称度。

(3)掌握霍尔传感器测转速的方法及显示方法。

(4)掌握现代综合检测与控制系统设计与运用的基本能力。

6.1.2 实验器材

微型计算机一台；DICE 仿真器一台；多功能实验板一块；直流测速发电机试验装置一台；稳压电源二台；数字万用表一块；47Ω/2W 电位器一个。

6.1.3 实验原理

(1)图 6-1 所示为直流电机实验台系统原理图。直流测速发电机与直流力矩电动机同轴，改变直流力矩电机的电源，即可改变直流力矩电机的转速和测速发电机的转速。直流测速发电机特性是指测速发电机的端电压随测速发电机的转速提高而升高的规律，即 $V_{cf} = f(n)$。

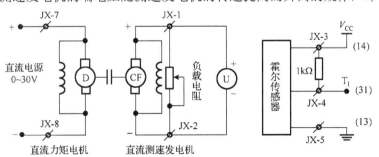

图 6-1 直流电机实验台系统原理图

(2)霍尔传感器固定在直流测速发电机装置的底板上,与霍尔探头相对的直流力矩电机的轴上固定着一片磁钢块,电机每转一周,霍尔传感器便发出一个脉冲信号,将此脉冲信号接到多功能实验板上的 T_1 上,设定 T_0 定时,T_1 计数,每分钟所计的脉冲个数即为直流力矩电机的转速。

直流测速发电机技术数据如下所示:

(1)70CYD-0.5

最大工作转速:800r/min

最大转速时的电压:41V

(2)55CYD-0.05

最大工作转速:1000r/min

最大转速时的电压:50V

(3)45CYD-0.01

最大工作转速:5000r/min

最大转速时的电压:50V

6.1.4　实验内容

(1)编制软件程序,用霍尔传感器测量直流测速发电机的转速,并显示出来。

(2)记录测速发电机空载和负载,正转和反转时的实验数据(表 6-1),并画出测速发电机电压随转速变化的关系曲线,$V_{cf} = f(n)$。

(3)按老师的要求,根据实验数据,画出空载和负载、正转和反转特性曲线,并计算出各工况下其输出斜率、线性误差和不对称度。

表 6-1　测速电机转速/电压表

测速发电机转速/(r/min)	50	100	150	200	250	300
测速发电机电压/V						

6.1.5　实验步骤

(1)按图 6-1 原理图和图 6-2 接线端子图接好线路,并打开电源。

(2)将测速程序输入计算机,汇编后执行程序。

(3)从 0V 缓慢调节直流力矩电机的电源,记录测速发电机空载时正转和反转实验数据。

(4)将 47Ω电位器(负载电阻)逆时针旋到最大,即电阻 47Ω,接到接线端子的 1 和 2 上,从 0V 缓慢调节直流力矩电机的电源,记录测速发电机负载时正转和反转时的实验数据。

6.1.6　思考题

(1)如何改变直流测速发电机的转速?

(2)利用霍尔传感器测量直流力矩电机的转速,霍尔传感器输出信号与电机转速的关系如何?

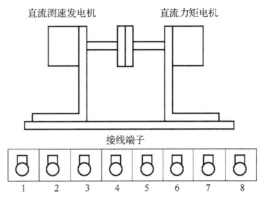

1. 直流测速发电机正极；2. 直流测速发电机负极；3. 霍尔传感器+5V电源；4. 霍尔传感器信号；
5. 霍尔传感器 GND；6. NC；7. 直流力矩电机正极；8. 直流力矩电机负极

图 6-2 直流电机实验台接线端子图

6.2 直流伺服电机静态特性实验

6.2.1 实验目的

(1)测绘出一条空载时的控制特性曲线和一条负载时的控制特性曲线，计算出斜率 K_c 和控制电压 U_a。

(2)测量出 $U_a = 15V$ 时的机械特性曲线，并计算空载转速 n_0、启动转矩 T_d、机械特性斜率 K_f。

(3)测出电枢内阻，计算 K_f，比较与实验测得的 K_f 之间的误差。

(4)掌握现代综合检测与控制系统设计与运用的基本能力。

6.2.2 实验器材

微型计算机一台、DICE 仿真器一台、多功能实验板一块、直流测速发电机试验装置一台、稳压电源二台、数字万用表一块、47Ω/2W 电位器一个。

6.2.3 实验原理和方法

(1)直流伺服电机在负载阻转矩一定的条件下，稳态转速随控制电压改变而变化，这个变化规律称为控制特性。机械特性是指控制电压 U_a 恒定不变时，伺服电机的稳态转速随电磁转矩(或负载转矩)的改变而变化的规律，即 U_a 为常数，$n = f(T_{em})$ 的关系。图 6-3 为直流电机实验台系统原理图。

(2)霍尔传感器固定在直流测速发电机装置的底板上，与霍尔探头相对的直流力矩电机的轴上固定着一块磁钢块，电机每转一周，霍尔传感器便发出一个脉冲信号，将此脉冲信号接到多功能实验板的 T_1 上。

① 设定 T_0 定时，T_1 计数，每分钟所计脉冲的个数即为直流力矩电机的转速；

② 用测周法测量直流力矩电机的转速。

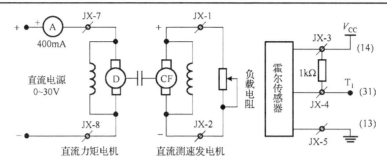

图 6-3　直流电机实验台系统原理图

6.2.4　实验内容

(1)编制软件程序，用霍尔传感器测量直流力矩电机的转速并显示。

(2)记录实验数据。

① 空载时控制特性曲线；

② 带负载时控制特性曲线；

③ 测量 $U_a = 15V$ 时的机械特性曲线(电流不要超过 400mA)；

④ 测量电枢内阻 R_a(断开电源)。

(3)画出空载和负载时的控制特性曲线，并计算出斜率 K_c 和 U_a。

(4)画出 $U_a = 15V$ 时的机械特性曲线，并计算 n_0、T_d 和 K_f。

(5)计算 K_f，比较与实验测得的 K_f 之间的误差。

6.2.5　实验步骤

(1)按图 6-3 原理图和图 6-4 接线端子图接好电路，并打开电源。

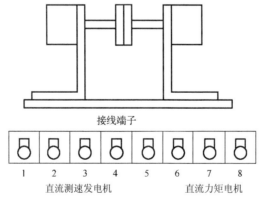

1. 直流测速发电机正极；2. 直流测速发电机负极；3. 霍尔传感器+5V 电源；4. 霍尔传感器信号；
5. 霍尔传感器 GND；6. NC；7. 直流力矩电机正极；8. 直流力矩电机负极

图 6-4　直流电机接线端子图

(2)将测速程序输入计算机，汇编后执行程序。

(3)记录实验数据。

① 空载时控制特性曲线(不接电流表,不接负载电阻):从 0V 缓慢调节直流力矩电机的电源,按表 6-2 记录实验数据。

表 6-2　直流电机电压/转速表(空载)

U_a/V	3	6	9	12	15
n/(r/min)					

② 负载时控制特性曲线(不接电流表,将负载电阻顺时针旋到最大,即电阻最小):从 0V 缓慢调节直流力矩电机的电源,按表 6-3 记录实验数据。

表 6-3　直流电机电压/转速表(负载)

U_a/V	3	6	9	12	15
n/(r/min)					

③ 测量 U_a = 15V 时的机械特性曲线(将电流表串接到电路中,电流不要超过 400mA)。将数字万用表拨到电流挡,检查液晶显示屏最下边一行左下角量程是否是 400mA,若是 40mA,按 RANGE 键,显示 400,将万用表的红表笔插到万用表下边左边的 400mA 插孔,按图 6-3 接好电路,将负载电阻逆时针旋到最大(电阻 47Ω),从 0V 缓慢调节直流力矩电机的电源,到 U_a = 15V,顺时针调节负载电阻,按表 6-4 记录实验数据。

表 6-4　直流电机转速/负载电流表

n/(r/min)			
I_a/mA			

(4)测量伺服电机电枢内阻 R_a(断开电源)。

6.2.6　思考题

(1)直流伺服电机机械特性表征的是哪几个物理量直接的关系?
(4)直流伺服电机空载与带载的控制特性曲线有什么区别,为什么?

6.3　步进电机性能实验

6.3.1　实验目的

(1)掌握步进电机正转、反转的控制方法。
(2)掌握步进电机转速的控制方法。
(3)掌握计算机应用能力与测控系统软硬件开发能力。

6.3.2　实验器材

微型计算机一台、DICE 仿真器一台、多功能实验板一块、步进电机转速闭环控制实验装置一台、稳压电源二台、74LS14 芯片一片。

6.3.3　实验原理

步进电机的工作就是步进转动。在一般的步进电机工作中，其电源都是采用单极性的直流电。要使步进电机执行步进转动，就必须对步进电机的各相绕组进行恰当的时序方式通电。步进电机的性能与其所使用的驱动器密切相关。与 57BYG070 型号的步进电机所匹配的混合式步进电机驱动器型号为 XJ-2HB02M。驱动器端子说明与接线图如下。

1．步进电机驱动器端子说明

(1)CP：脉冲输入端口幅度为 3.5～12.5V，最小脉冲宽度应大于 20μs，上升沿有效。

(2)U/D：正反转控制端。U/D=0 或悬空时电机正转，U/D=1 时，电机反转。

(3)DIV：细分选择端。DIV=0 或悬空时驱动器半步运行，DIV=1 时，驱动器作八细分运行。

(4)SGND 控制信号地线。注意此端一定要与电源地线隔离。

(5)VH：驱动电源。12～40VDC，不要求稳压，但包括纹波。

(6)GND：驱动电源地线。注意此端一定要与控制信号地线 SGND 隔离。

(7)A：电机绕组 A 相。

(8)$\overline{A}$：电机绕组 A 相。

(9)NC：空端。

(10)NC：空端。

(11)B：电机绕组 B 相。

(12)$\overline{B}$：电机绕组 B 相。

2．步进电机技术数据

(1)57BYG070 型号的步进电机为四项。

(2)步距角：1.8°/步。

3．其他数据说明

8031 的晶振为 6M，机器周期为 2μs，计算出控制步进电机转速为 50r/min 或 30r/min 时所需脉冲的时间，设定 T_1 定时，定时中断程序中 P1.0 求反，这样就可以控制步进电机转动。

4．步进电机实验台原理及接线图

6.3.4　实验内容

编制软件程序：

(1)验证 1/2 步和 1/8 步的功能。

(2)验证正、反转功能。

(3)控制步进电机转速为 30r/min 和 50r/min，观察与实际转速是否一致。

6.3.5　实验步骤

(1)按图 6-5 原理图和图 6-6 接线端子图接好线路(光电传感器的+12V、输出信号以及 GND 可不接)，并打开电源。

(2)将程序输入计算机，汇编后执行程序。

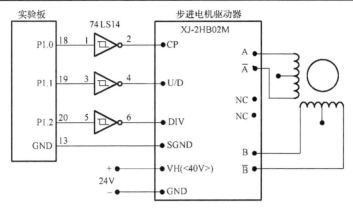

图 6-5　步进电机实验台原理图

注：(1)97××步进电机(06090477、06090478、06090480、060904852、06090483、06090485、06090486)：A-红，$\overline{A}$-绿，B-黄，$\overline{B}$-蓝。

(2)95××步进电机(06090479、06090481、06090484)：A-红，$\overline{A}$-蓝，B-绿，$\overline{B}$-黑

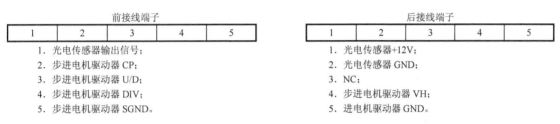

前接线端子				
1	2	3	4	5

1. 光电传感器输出信号；
2. 步进电机驱动器 CP；
3. 步进电机驱动器 U/D；
4. 步进电机驱动器 DIV；
5. 步进电机驱动器 SGND。

后接线端子				
1	2	3	4	5

1. 光电传感器+12V；
2. 光电传感器 GND；
3. NC；
4. 步进电机驱动器 VH；
5. 进电机驱动器 GND。

图 6-6　步进电机接线端子图

6.3.6　思考题

(1)怎样控制步进电机实现正转或反转？

(2)改变控制信号的占空比，引起步进电机的哪些物理量变化？

6.4　步进电机转速闭环控制实验

6.4.1　实验目的

(1)掌握步进电机的转速控制及调整转速的方法。

(2)掌握光电传感器测转速的方法及转速的显示方法。

(3)掌握步进电机转速闭环控制的编程方法。

(4)掌握计算机应用能力与测控系统软硬件开发能力。

6.4.2　实验器材

微型计算机一台、DICE 仿真器一台、多功能实验板一块、步进电机闭环控制实验装置一台、稳压电源二台、74LS14 芯片一片。

6.4.3　实验原理

步进电机的工作原理及控制方法同实验 6.3 节，步进电机闭环控制装置上装着光电传感

器，步进电机每转 1 转，光电传感器便发出 30 个脉冲信号，将脉冲信号接到多功能实验板上的外部中断 INT0（接线端子 29）上。

(1) 设定 T_1 定时，发定时脉冲信号，控制步进电机的转速。

(2) 设定 T_0 定时 1s，读取外部中断的次数，经计算即可得到步进电机每分钟的转速。

控制步进电机的转速，即控制每个脉冲的时间。步进电机转速闭环控制，即给定步进电机转速，如 50r/min，计算出步进电机每个脉冲的时间，给定转速与实测转速相比较，若不相等，调节步进电机每个脉冲的时间，使之相等。

6.4.4　实验内容

(1) 编制软件程序，控制步进电机转速为 30r/min 或 50r/min，并将给定转速显示在数码管的前两位，将光电传感器所测转速显示在数码管的后两位上，比较给定转速和实测转速是否一致。

(2) 在程序中比较给定转速与实测转速是否一致，若不一致，改变步进电机的脉冲时间，实现闭环控制。

6.4.5　实验步骤

(1) 按图 6-7 接线端子图的要求和图 6-5 接好线路，并打开电源。

(2) 将程序输入计算机，汇编后执行程序。

(3) 观察数码管上前两位和后两位显示的转速是否一致。

(4) 改变步进电机的给定转速，观察实测转速与给定转速是否一致。

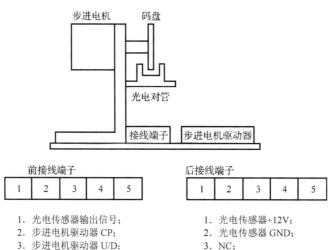

1. 光电传感器输出信号；
2. 步进电机驱动器 CP；
3. 步进电机驱动器 U/D；
4. 步进电机驱动器 DIV；
5. 步进电机驱动器 SGND。

1. 光电传感器+12V；
2. 光电传感器 GND；
3. NC；
4. 步进电机驱动器 VH；
5. 步进电机驱动器 GND。

图 6-7　步进电机实验台结构及接线端子图

注：步进电机技术数据见实验 6.3

6.4.6　思考题

(1) 如何实现步进电机的转速调节？

(1) 光电传感器测量电机转速与霍尔传感器测量电机转速有什么不同？

第7章 液压与气动技术

"液压与气动技术"是机电工程类专业的一门专业基础课程，该课程的主要任务是使学生掌握液压与气动技术的基础知识、各类液压、气动元件的结构特点、性能、用途及工作原理；基本回路及典型回路的分析方法；对一般液压、气动系统进行设计和计算的基本知识；了解国内外液压、气动行业的新技术、新动态；为今后学习专业课及从事机电一体化、自动控制、液压、气动工程技术工作打下坚实的基础。"液压与气动技术"是理论与实际结合非常紧密的课程，实验是该课程学习的一个重要环节。通过实验环节可以使学生了解系统结构，加深对液压与气动基本概念、基本原理的理解，巩固和深化理论知识，培养学生的实际动手能力和实验技能、分析解决工程实际问题的能力。

"液压与气动技术"课程主要设置了元件认识、系统组成、系统综合三类实验，分别为液压、气动动力元件和执行元件的拆装与使用维修、故障诊断实验，液压、气动控制阀的拆装与使用维修、故障诊断实验，液压系统性能实验，气动系统典型回路实验，气动系统综合实验。

7.1 液压、气动动力元件和执行元件的拆装、使用维修与故障诊断

7.1.1 实验目的

(1)通过拆装齿轮泵、叶片泵、柱塞泵等液压动力元件，加深了解典型液压泵的结构、特点与工作原理。

(2)通过拆装气动齿轮马达，加深了解气动马达的结构特点、工作原理。

(3)观察和了解液压活塞缸、气动活塞缸、气动三联件的结构及原理。

(4)对液压泵、气动马达的加工及装配工艺有一个初步的认识，掌握液压元件、气动元件拆装的基本要领。

(5)分析元件的结构、功能、工作原理及常见故障的现象和排除方法。

7.1.2 实验设备

(1)液压动力元件：齿轮泵、双作用叶片泵、柱塞泵。

(2)气动执行元件：气动齿轮马达。

(3)拆装工具。

7.1.3 实验内容和步骤

1. 普通齿轮泵的拆装

齿轮泵是结构最简单、应用最广泛的一种液压泵，其结构如图 7-1 所示。在课上学习齿

轮泵的工作原理、基本结构及高压化改进技术的基础上，拆卸齿轮泵，认真观察其结构。操作注意事项：拆卸后正确组装 CB 泵，切勿丢失零件！

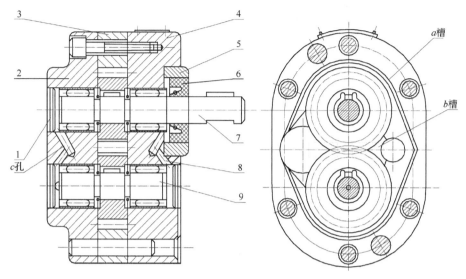

图 7-1　CB 齿轮泵结构

1. 压盖；2. 后盖；3. 泵体；4. 前盖；5. 密封座；6. 轴封；7. 长轴；8. 泄油通道；9. 短轴

2. 高压齿轮泵的拆装

高压齿轮泵机构如图 7-2 所示。复习、回忆限制齿轮泵工作压力的主要因素，拆开此泵，观察其结构，找出提高齿轮泵工作压力的结构措施。

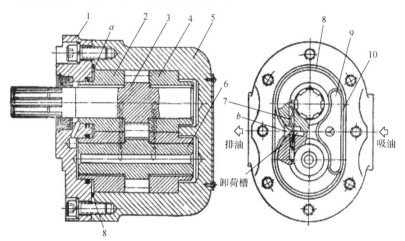

图 7-2　高压齿轮泵结构图

1. 端盖；2. 浮动轴套；3. 主动齿轮；4. 浮动轴套；5. 泵体；6. 从动齿轮；
7. 弹簧钢丝；8. 密封圈；9. 卸压片；10. 油槽(通低压油)

3. 双作用叶片泵的拆装

叶片泵是利用转子上的叶片与定子内表面相配合，形成运动副，在转子运动时实现容积变化和吸排油的泵，分为单作用叶片泵和双作用叶片泵，如图 7-3 所示。

拆开此叶片泵，对照结构复习其工作原理、结构特点及主要故障点。

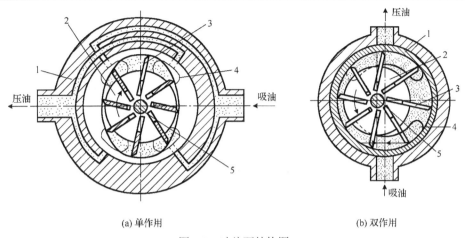

(a) 单作用　　　　　　　　　　　　　　　　　　(b) 双作用

图 7-3　叶片泵结构图

1. 泵体；2. 转子；3. 叶片；4. 配油槽；5. 传动轴

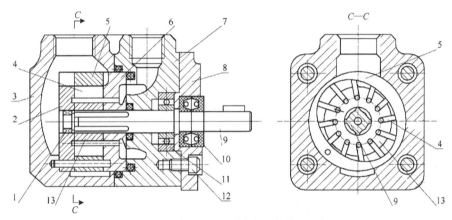

图 7-4　双作用叶片泵结构

1. 轴承；2. 左配流盘；3. 前盖体；4. 叶片；5. 定子；6. 右配流盘；7. 后盖体；8. 端盖；
9. 传动轴；10. 防尘圈；11. 轴承；12. 螺钉；13. 转子

4. 斜轴式轴向柱塞泵

轴向柱塞泵工作原理如图 7-5 所示。拆开柱塞泵，针对其结构(图 7-6)弄清其工作原理，主要结构及主要问题所在，找出斜轴泵与斜盘泵区别。

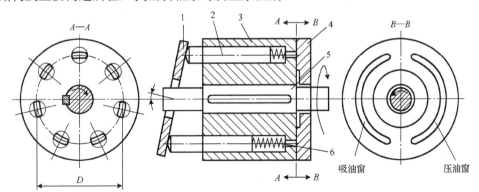

图 7-5　轴向柱塞泵工作原理图

1. 斜盘；2. 柱塞；3. 缸体；4. 配油盘；5. 轴；6. 弹簧

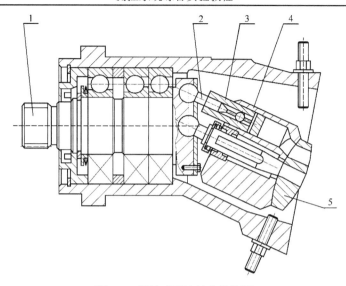

图 7-6　斜轴式无铰轴向柱塞泵
1. 传动轴；2. 连杆；3. 柱塞；4. 缸体；5. 配流盘

5. 气动齿轮马达拆装

气动齿轮马达及消音器结构如图 7-7 所示。对照结构，分析其工作原理及存在的问题。

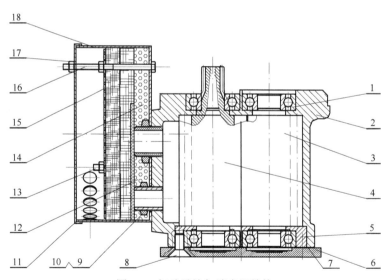

图 7-7　气动马达与消声器结构
1. 轴承；2. 马达壳；3. 从动轮；4. 主动轮；5. 轴承座；6. 马达底板；7. 纸垫；8. 螺钉；9. 接头；10. 螺母；
11. 消声器盖；12. 尼龙板；13. 螺栓；14. 排气海绵；15. 排气网；16. 螺栓；17. 螺母；18. 消声器壳体座

6. 活塞式液压缸、气缸

掌握其结构和工作原理。

7. 气动三联件

观察气动三联件，掌握其组成、工作原理。

7.1.4　思考题

1. 齿轮泵

(1) CB 泵的组成、工作原理及吸压油口的特点。

(2) 图 7-1 中 a、b 槽各起什么作用？

(3) 为什么被动齿轮的轴做成空心的？端盖上的孔起什么作用？c 孔若被堵死会有何问题？

(4) CB 泵是否有减小单向不平衡力的措施？

(5) CB 泵的额定压力为 2.5MPa，为何不能再提高？

(6) 观察困油卸荷槽的作用，注意泵内主要泄漏部位。

(7) 简述 CB 泵的优缺点。

(8) 若要提高齿轮泵的工作压力，主要应从哪些方面采取措施？

(9) CB 齿轮泵哪里容易损坏，损坏后的现象是什么？如何判断？如何修复？

2. 高压齿轮泵

(1) 此泵由哪些零件组成？判断其吸压油口。

(2) 观察此泵的高压化措施，并说明其工作原理。

(3) 认真观察泵内各其他槽和孔，说出它们的作用。

(4) 此泵组装时应注意哪些问题？

(5) 简述此泵的结构特点及优缺点。

3. 叶片泵

(1) 该泵由哪些零件组成？为什么说它是双作用的？其工作原理是什么？

(2) 观察其定子内壁曲线，它是由哪些曲线组成的？

(3) 注意其配流盘的结构，说明配流盘的作用；盘上圆环槽的作用；压油窗口上三角槽的作用。

(4) 此泵组装时应注意什么问题？叶片前端部应如何正确放置叶片？

(5) 简述双作用泵的特点。

(6) 叶片泵的哪些元件易损，损坏后出现什么现象，如何维修？

4. 柱塞泵

(1) 斜轴泵的工作原理是什么？简述斜轴泵的结构特点。

(2) 通过观察柱塞的结构，与斜盘泵的柱塞相比，斜轴泵的柱塞有何特点？有何优点？

(3) 柱塞上的环槽有何作用？

(4) 该泵的配流盘有何特点，其中的间歇强制润滑是如何工作的？

(5) 斜盘泵与斜轴泵相比较，哪一种泵的自吸能力好？比较其压力、抗污染能力和效率。

5. 气动马达

(1) 装配中哪些因素影响马达的旋转特性？

(2) 消声器的原理是什么？

(3) 在供气压力一定时，提高马达的输出功率的途径有哪些？

(4) 气动马达的噪声是如何产生的？利用你所学的知识与经验，提出降低马达噪声思路，或者如何更有效地提高消声效果。

(5) 马达的使用中证明，轴承是经常损坏的易损件，如何提高马达的服务周期？

7.2 液压、气动控制阀的拆装、使用维修与故障诊断

7.2.1 实验目的

(1) 通过拆装掌握控制阀的结构、特点与工作原理。

(2) 了解阀类元件的加工及装配工艺,掌握液压元件、气动元件拆装的基本要领。

(3) 分析元件的结构、功能、工作原理,掌握其常见故障的现象和排除方法。

7.2.2 实验设备

(1) 溢流阀、减压阀、调速阀、换向阀、节流阀。

(2) 拆装工具。

7.2.3 实验内容和步骤

1. 溢流阀

图 7-8 为溢流阀结构图。要求在拆装前掌握溢流阀的符号、在系统中的作用、基本组成。通过实验,观察其中的细节,并了解它们的作用原理,弄清油液在阀内的通路。

2. 减压阀

实验前应掌握减压阀的组成、原理及作用。对照图 7-9,通过实物拆装,观察其细节。了解其结构特点。

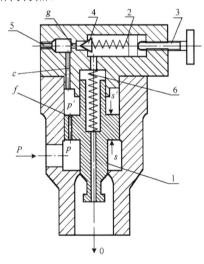

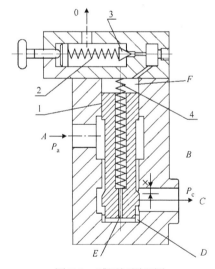

图 7-8　溢流阀原理图
1. 主阀芯;2、6. 弹簧;3. 螺钉;4. 锥阀;5. 远控油口

图 7-9　减压阀原理图
1. 阀芯;2、4. 弹簧;3. 锥阀

3. 节流阀

节流阀由阀体、阀芯、弹簧、推杆四部分组成,如图 7-10 所示。将节流阀各部分零件拆开观察阀芯上的节流口,根据它与弹簧和推杆的相互位置以及阀体上的各个通道,叙述节流阀的工作原理和调速过程。

4. 调速阀

图 7-11 为调速阀原理图，调速阀由节流阀加定差减压阀组成。判断其进油口、回油口，拆开调速阀，将节流阀芯和减压阀芯取出，根据阀芯上的工艺孔，简述其内部液压油通路，工作原理，工作过程。

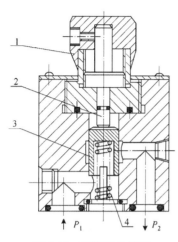

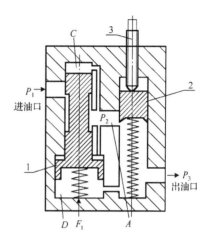

图 7-10　节流阀结构图　　　　　　图 7-11　调速阀原理图
1. 手把；2. 顶杆；3. 阀芯；4. 弹簧　　1. 减压阀阀芯；2. 节流阀阀芯；3. 手把

5. 换向阀

实验前应均熟练掌握换向阀的种类、作用及名称。对照半剖开的实体换向阀，结合图 7-12，判断换向阀的 P 口、$A(B)$ 口、O 口，说明其组成、换向工作原理，中位机能。

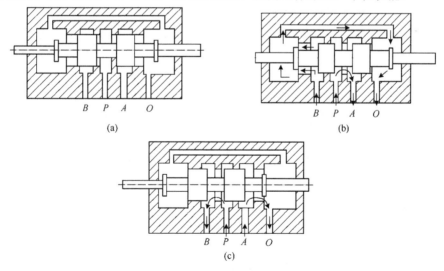

图 7-12　换向阀原理

7.2.4　思考题

1. 溢流阀

(1)主阀体上的各孔有什么作用？主阀芯上阻尼孔起何作用？堵塞时会怎样？

(2)观察主阀芯，注意其特点，以备与 T 形减压阀比较。

(3)主阀芯上的小环槽起何作用？其是几级同心的？

(4)先导阀的作用何在？先导式溢流阀与直动式相比优在何处？劣在何处？

(5)主阀弹簧的作用是什么？其刚度如何？

(6)先导阀的弹簧起何作用？其刚度如何？

(7)先导阀的回油路何在？

(8)溢流阀的远程控制口有何作用？是如何工作的？

2．减压阀

(1)减压阀的职能符号是什么？在系统中起什么作用？

(2)主阀的阻尼孔起何作用？堵塞时有什么后果？

(3)先导阀如何回油？为什么？

(4)主阀的进出油口各为哪个？

(5)减压阀主阀阀芯的结构与 Y 形溢流阀的主阀阀芯有何不同？

(6)主阀阀芯的哪个凸肩是控制边？

(7)减压阀在系统中是如何工作的？

3．节流阀

(1)图 7-10 中，三角形节流口有什么作用？

(2)当节流口调到某一个开度时，其速度能否恒定？为什么？

4．调速阀

(1)为什么要串联定差减压阀？

(2)减压阀芯上下的压力差是如何变化的？

(3)将结构了解清楚后，以负载 R 增大为例，叙述其调速过程和稳速原理。（指出各油腔压力变化的情况）

5．换向阀

什么是滑阀式换向阀的中位机能？图 7-12 的换向阀为什么有滑阀机能？有何特点？画出此滑阀式换向阀的职能符号。

7.3　液压系统性能实验

7.3.1　液压泵性能实验

1．实验目的

(1)了解液压泵的主要技术性能指标，学会对压力、流量、容积、效率和总效率的测量方法。

(2)掌握液压系统中液压泵选型的方法。

2．实验设备

(1)QCS003B 液压实验台。

(2)钢板尺、秒表。

3. 实验内容

1) 油泵的 Q-P 特性

流量：泵的理论流量是恒定的，与泵的工作压力无关。但因为有内部泄漏，泵的实际流量随着工作压力的提高，油液黏度的降低而下降，测定液压泵在不同工作压力下的实际流量，可画出油泵的流量-压力特性曲线 $Q = f(P)$。

2) 油泵的容积效率 η_V

油泵的容积效率，是油泵在额定工作压力下的实际流量 $Q_{实}$ 和理论流量 $Q_{理}$ 的比值，即

$$\eta_V = \frac{实际流量 Q_{实}}{理论流量 Q_{理}} \tag{7-1}$$

式中，$Q_{理}$ 可以按油泵电机的转速和油泵的结构尺寸计算。但这种方法比较复杂，实验室往往用油泵出口压力接近零时的流量 Q_0，代替理论流量得到 η_V 的近似值。

$$\eta_V = \frac{实际流量 Q_{实}}{空载流量 Q_0} \tag{7-2}$$

3) 油泵的总效率 $\eta_{总}$

$$\eta_{总} = \frac{N_{出}}{N_{入}} \tag{7-3}$$

式中，液压泵的输出功率 $N_{出}$ 为

$$N_{出} = \frac{P \cdot Q}{612} (kW) \tag{7-4}$$

可通过测量 Q、P 的对应值，由公式计算出输出功率 $N_{出}$ 的值。

液压泵的输入功率是将三相功率表接入电网与电动机定子线圈之间，功率表指示的数值 N 为电动机的输入功率，再根据电动机的效率曲线，查出功率为 $N_{表}$ 时的电动机效率 $\eta_{电}$，则液压泵的输入功率 $N_{入} = N_{表} \cdot \eta_{电}$，液压泵的总效率可用下式表示：

$$\eta_{总} = \frac{N_{出}}{N_{入}} = \frac{P \cdot Q}{612 \cdot N_{表} \eta_{电}} \tag{7-5}$$

4. 实验步骤

实验台液压系统回路如图 7-13 所示。

(1) 按照实验目的，自己制订实验方案，确定实验油路，做好实验准备。

先将电磁阀 12 处于中间位置，电磁阀 11、16 处于复位 "O" 状态。关闭节流阀 10，旋松溢流阀 9 (为无载启动)，压力表开关置于 P6 位置。

(2) 调整溢流阀压力。

启动泵 8，逐渐拧紧溢流阀 9，观察 P6 的数值，使泵压逐渐上升到 63kg·f/cm²。

(3) 测理论流量 Q 和相应的输入功率 N10。

用节流阀 10 使系统加载和卸载。缓慢地完全打开节流阀 10，测出此时泵的压力 (读 P_0 值)，通过流量计 20 及秒表测出泵在最小压力 P_0 下的流量 Q_0 (推荐：用秒表测出流量为 5 升时所需时间，换算为流量 Q，单位 L/min) 此时的流量值可近似为泵的理论流量 $Q_{理}$，再通过功率表 19 读出此时电动机的输入功率 $N_{表}$，将测得的数据记入表中。

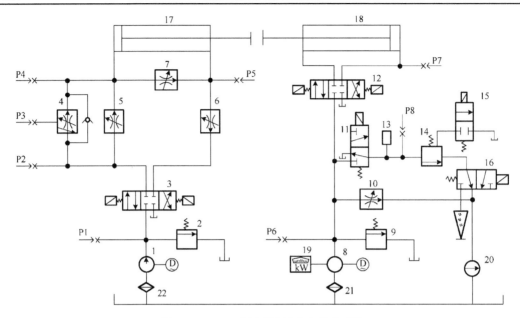

图 7-13   003B 液压系统性能实验台系统

1．双作用叶片泵 YB-6；2．溢流阀；3．三位四通电磁换向阀；4．单向调速阀；5~7．节流阀；8．双作用叶片泵 YB-6；
9．溢流阀；10．节流阀；11．二位三通电磁换向阀；12．三位四通电磁换向阀；13．压力传感器接口；14．溢流阀(被测)；
15．二位三通电磁换向阀；16．二位三通电磁换向阀；17、18．单出杆液压缸；19．功率表；20．流量计；21、22．滤油器

(4)测不同压力下的流量和相应的电机功率。

改变节流阀 10 的开口，使油泵压力逐渐上升，逐点测出压力和对应的流量及电机功率 $N_表$，将结果填入表 7-1 中。

(5)卸压，停止电机，测试结束。

5． 分析整理实验数据(表 7-1)

表 7-1   液压泵性能实验数据表

测算量＼内容＼测量结果	1	2	3	4	5	6	7
被试泵的压力 $P/(\text{kgf/cm}^2)$		10	20	30	40	50	60
泵输出油液容积的变化量 $\Delta V/\text{L}$							
对应 ΔV 所需时间 t/s							
泵的流量 $Q=\Delta V/t\times 60/(\text{L/min})$							
泵的输出功率 $N_出/\text{kW}$							
电机效率 $\eta_电 = 0.8$							
电动机的输入功率 $N_表/\text{kW}$							
泵的总效率 $\eta_总/\%$							
泵的容积效率 $\eta_V/\%$							

用坐标纸画出 $Q = f(P), \eta_V = f(P), \eta_总 = f(P)$ 曲线。

6． 思考题

(1)实验油路中的溢流阀起什么作用？

(2)实验系统中节流阀为什么能够对被试泵进行加载?(可用流量公式 $Q = C_d \cdot A \cdot \Delta P^m$ 进行分析)

(3)从液压泵的效率曲线中可得到什么启发?(合理选择泵的功率,泵的合理使用区间等方面)

7.3.2　增速回路实验

1. 实验目的

(1)通过自己设计增速回路系统和亲自拆装,了解增速回路(差动回路)的组成和性能。

(2)加强根据实际需求设计增速回路的能力。

2. 实验原理

有些机构中需要两种运动速度,快速时负载小,要求流量大,压力低;慢速时负载大,要求流量小,压力高。因此,在单泵供油系统中如不采用差动回路,则慢速时,势必有大量流量从溢流阀溢回油箱,造成很大功率损失,并使油温升高。

3. 实验设备

0014 实验台。

4. 实验要求

实验台中提供了液压基本回路所用的各种液压元件,包括方向阀、压力阀、流量阀、油缸、压力表、油管和快换接头以及行程开关,如图 7-14 所示。

自行设计一个差动回路,以实现油缸在单泵供油系统中快进和工进两种速度。

5. 实验步骤

(1)按照你所设计的差动回路,找出所要用的液压元件,通过软管和快速接头按回路连接。

(2)把所用的电磁换向阀电磁铁和行程开关按油路编号。

(3)把电磁铁(1ZT、2ZT、3ZT)插头线对应插入在侧面板"输出信号"插座内(侧板上+示)。

(4)把行程开关 1~3XK 对应插入在侧面板"输入信号"插座(侧板 2XK、3XK、1XK 示)。

(5)根据差动回路工况表动作顺序,用小型插头对应插入在矩阵板插座内(矩阵板画 X 处)。

(6)旋松溢流阀,启动 YB-4 泵,调节溢流阀压力为 20kg·f/cm²,调节单向调速阀至某一开度。

(7)把选择开关指向"顺序位置",先按动"复位"按钮,再按动"启动"按钮,则差动回路即可实现动作。

(8)按照工况动作表格记录相应的压力(P_1、P_2)的时间 t 值。

6. 思考题

(1)在差动快速回路中,两腔是否因同时进油而造成"顶牛"现象?

(2)差动连接与非差动连接,输出推力哪一个大?为什么?

(3)在慢进时,为什么液压缸左腔压力比快进时大?根据回路进行分析。

(4)如该回路中液压缸,改为双出杆液压缸,在回路不变情况下,是否能实现增速?为什么?

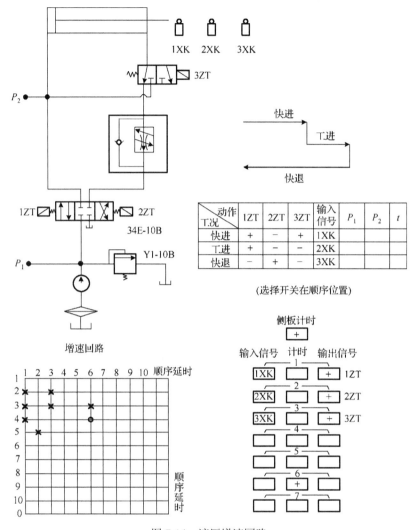

图 7-14　液压增速回路

注：+处先不插插头，待测完快进时间后，将(6, 3)点处的插头插入此处。

7.3.3　液压系统节流调速实验

1. 实验目的

(1)通过自行设计和亲自拆装，了解节流调速回路的组成及性能，绘制速度负载特性曲线。

(2)通过该回路实验，加深理解 $Q = C_d \cdot A \cdot \Delta P^m$ 分别由什么决定。

(3)通过对节流阀三种节流调速回路的实验，得出它们的调速回路特性曲线，并分析它们的调速性能(速度-负载特性)。

(4)通过对节流阀和调速阀进口节流调速回路的对比实验，分析比较它们的速度-负载特性。

(5)掌握节流调速回路的设计方法。

2. 实验原理

节流调速回路是由定量泵、流量控制阀、溢流阀和执行元件组成。它通过改变流量控制阀阀口的开度,即通流截面积来调节和控制流入或流出执行元件的流量,以调节其运动速度。节流调速回路按照其流量控制阀安放位置的不同,有进口节流调速,出口节流调速和旁路节流调速三种。流量控制阀采用节流阀或调速阀时,其调速性能各有自己的特点,同是节流阀,调速回路不同,它们的调速性能也有差别。

3. 实验设备

(1) QCS003B 实验台。

(2) 0014 实验台。

4. 实验内容

QCS003B 实验台和 0014 实验台均提供了液压基本回路所用的各种液压元件,包括方向阀、压力阀、流量阀、油缸、压力表、油管、快换接头及行程开关,参见图 7-15 和图 7-16。

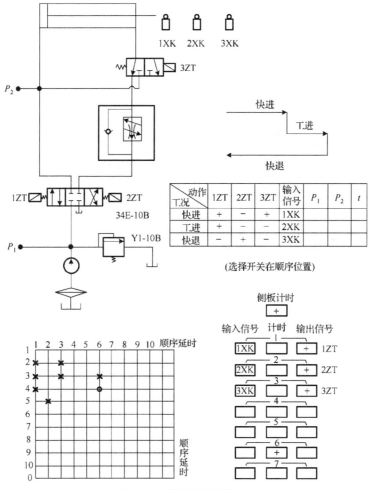

图 7-15 液压调速回路(A)

注: +处先不插插头,待测完快进时间后,将(6,3)点处的插头插入此处

自行设计调速回路,调速元件选择节流阀时,可进行节流阀进口节流、出口节流、旁路节流调速;调速元件选择调速阀时,应用进口节流调速。在加载回路中,改变加载缸的压力,测试节流调速系统的速度负载特性曲线。

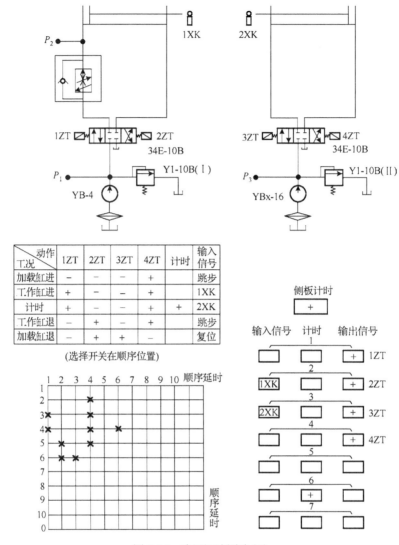

图 7-16　液压调速回路(B)

5. 实验步骤

1) 0014 实验台

(1) 按照自行设计的节流调速回路，找出所要用的液压元件，通过快换接头和液压软管连接油路。

(2) 根据矩阵板和侧面板示例，进行电气线路连接，并把选择开关拨至顺序位置(安装完毕，待指导教师检查无误后，再继续进行实验)。

(3) 定出两只行程开关之间的距离，旋松溢流阀(Ⅰ)、(Ⅱ)，启动 YBX-16，YB-4 泵，调节溢流阀(Ⅰ)压力为 40kg·f/cm²，溢流阀(Ⅱ)压力(加载系统的压力)分别为 5kg·f/cm²，10kg·f/cm²，15kg·f/cm²，…，40kg·f/cm²，调节单向调速阀的开口至某一开度。

(4) 按动"复位"按钮，随之按动"启动"按钮，即可实现动作。在运行中读出单向调速阀进出口压力，记录计时器显示的时间。

(5) 根据回路记录表,调节溢流阀(Ⅱ)压力(即负载压力),记录相应时间和压力,填入表中。

(6) 将单向调速阀改为单向节流阀(开口为某一值),方法同前进行测试。

2) QCS003B 实验台

根据实验台的液压系统油路图和实验内容,分别确定节流阀进口节流调速、出口节流调速、旁路节流调速;调速阀节流调速的实验油路。

(1) 调整加载油缸,做好准备工作。

① 对照油路图,将一些电磁阀都置于 0 位(断电),溢流阀 2、9 全部松开。

② 启动泵 8,调整溢流阀,同时观察压力表,对速度缸加载。

③ 启动泵 1,调节溢流阀,使油泵压力为 40kg·f/cm^2。

(2) 选择实验油路,做各种节流调速实验。

① 进口节流调速。

a. 用钢卷尺测出油缸的行程并记录。

b. 调整溢流阀,逐渐增加加载油缸的压力,分别在压力为 5kg·f/cm^2,10kg·f/cm^2,15kg·f/cm^2,20kg·f/cm^2,25kg·f/cm^2,30kg·f/cm^2,35kg·f/cm^2,40kg·f/cm^2 的情况下用秒表测出不同负载下油缸的运动速度,并将结果记入表中。

c. 改变节流阀的开口,按以上步骤重测一组数据。

d. 在测试过程中,通过压力表开关,观测节流口前后压差值,分析其现象。

② 出口节流调速和旁路节流调速,测量方法同上。

③ 调速阀进口节流调速。方法同上进行测试。

(3) 在测试过程中,通过压力表开关,观察节流口前后的压差,注意压力表开关的位置,与节流阀调速进行比较,分析其现象。

(4) 整理实验数据(表 7-2～表 7-5),绘制 V-P 特性曲线。

表 7-2　调速阀进口节流调速　　　　　　　$S=$_____mm,油温=_____℃

加载压力 P/(kg·f/cm^2)		5	10	15	20	25	30
格	T/s						
	V/(m/min)						
	阀进、出口压差						

表 7-3　节流阀进口节流调速　　　　　　　$S=$_____mm,油温=_____℃

加载压力 P/(kg·f/cm^2)		5	10	15	20	25	30	35	40
格	T/s								
	V/(m/min)								
	阀进、出口压差								
格	T/s								
	V/(m/min)								
	阀进、出口压差								

表 7-4　节流阀出口节流调速　　　　　　　　　　S=＿＿＿＿＿mm，油温=＿＿＿＿＿℃

加载压力 $P/(kg·f/cm^2)$		5	10	15	20	25	30	35	40
格	T/s								
	$V/(m/min)$								
	阀进、出口压差								
格	T/s								
	$V/(m/min)$								
	阀进、出口压差								

表 7-5　节流阀旁路节流调速　　　　　　　　　　S=＿＿＿＿＿mm，油温=＿＿＿＿＿℃

加载压力 $P/(kg·f/cm^2)$		5	10	15	20	25	30	35	40
格	T/s								
	$V/(m/min)$								
	阀进、出口压差								
格	T/s								
	$V/(m/min)$								
	阀进、出口压差								

6．思考题

(1)节流阀与调速阀在结构与性能上有何区别？

(2)通过节流阀流量的大小与哪些因素有关？

(3)节流阀和调速阀调速，各用于什么场合最好，为什么？

(4)为什么当负载压力上升到接近系统压力时缸速开始变慢？

7.4　气动系统典型回路实验

7.4.1　双作用气缸的换向回路

1．实验目的

(1)了解单向节流阀、二位三通电磁换向阀的工作原理。

(2)分析双作用气缸换向气动回路图。

(3)锻炼学生独立动手搭建回路能力及操作能力。

2．实验原理

双作用气缸换向回路气路如图 7-17 所示。

3．实验设备

SQDA-01 型气动实验台、双作用气缸、二位三通电磁换向阀、二位五通单电磁换向阀、节流阀。

4．实验步骤

(1)依照实验回路图选择气动元件(单杆双作用缸、二个单向节流阀、二位五通单电磁换向阀、三联件、长度合适的连接软管)，并检验元器件的实用性能是否正常。

(2)将二位五通单电磁换向阀的电源输入口插入相应的控制板输出口。

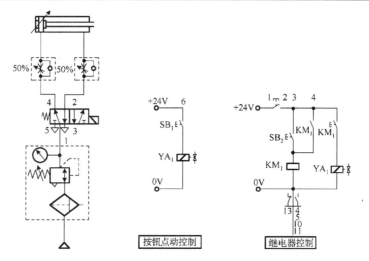

图 7-17　双作用气缸换向回路气路图

(3) 确认连接安装正确稳妥，把三联件的调压旋钮旋松，通电开启气泵。待泵工作正常后，再次调节三联件的调压旋钮；使回路中的压力在系统工作压力以内。

(4) 当二位五通单电磁阀如图 7-17 所示工作位置，气体从泵出来经过电磁阀再经过节流阀到达气缸左腔，推动气缸活塞右移；当电磁阀右位接入，气体经电磁阀的右位进入气缸的右腔，气缸活塞左移。

(5) 实验完毕后，关闭泵，切断电源，待回路压力为零时，拆卸回路，清理元器件并放回规定的位置。

5. 思考题

(1) 若把回路中单向节流阀拆掉重做一次实验，气缸的活塞运动是否会很平稳，而且冲击效果是否很明显？回路中用单向节流阀的作用是什么？

(2) 采用三位五通双电磁换向阀是否能实现缸的定位？想一想主要是利用了三位五通双电磁阀的什么机能？

7.4.2　速度换接回路

1. 实验目的

(1) 了解速度换接回路的工作原理。

(2) 能够独立搭建回路并动手操作。

2. 实验原理

速度换接回路气路如图 7-18 所示。

3. 实验设备

SQDA-01 气动实验台、双作用气缸、二位五通单电磁换向阀、二位二通单电磁换向阀、二位三通电磁阀、双气控阀、节流阀、接近开关、或门逻辑阀。

4. 实验步骤

(1) 根据实验的需要选择元件(单杆双作用缸、单向节流阀、二位二通单电磁换向阀、二位四通单电磁换向阀、三联件、接近开关、连接软管)，并检验元件的实用性能是否正常。

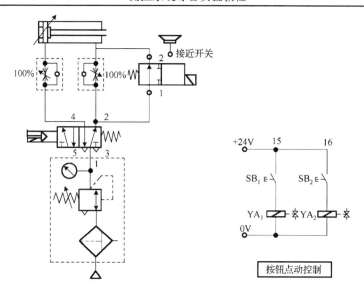

图 7-18 速度换接回路气路图

(2)根据原理图搭建实验回路。

(3)将二位五通双电磁换向阀和二位二通单电磁换向阀以及接近开关的电源输入口插入相应的控制板输出口。

(4)确认连接安装正确稳妥,把三联件的调压旋钮放松,通电,开启气泵。待泵工作正常,再次调节三联件的调压旋钮,使回路中的压力在系统工作压力以内。

(5)电磁换向阀得电如图 7-18 所示,压缩空气经过三联件、电磁换向阀、单向节流阀进入缸的左腔,活塞在压缩空气的作用向右运动,此时缸的右腔空气经过二位二通电磁阀通过二位四通电磁阀排出。

(6)当活塞杆接触到接近开关时,二位二通电磁阀失电换位,右腔的空气只能从单向节流阀排出,此时只要调节单向节流阀的开口就能控制活塞运动的速度,从而实现了一个从快速运动到较慢运动的换接。

(7)而当二位四通电磁阀右位接入时可以实现快速回位。

(8)实验完毕后,关闭泵,切断电源,待回路压力为零时,拆卸回路,清理元器件并放回规定的位置。

7.4.3 互锁回路

1. 实验目的

(1)掌握互锁回路的工作原理。

(2)能够独立搭建回路并动态操作。

2. 实验原理

互锁回路气路如图 7-19 所示。

3. 实验设备

SQDA-01 气动实验台、双作用气缸、二位五通单电磁换向阀、二位二通单电磁换向阀、二位三通电磁阀、双气控阀、节流阀、接近开关、或门逻辑阀。

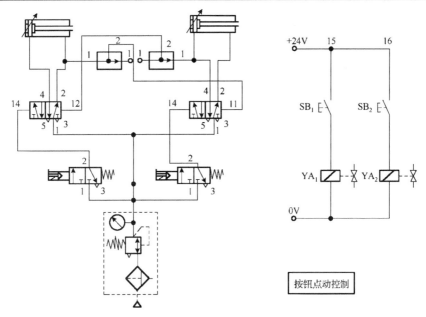

图 7-19　互锁回路气路图

4. 实验步骤

(1)根据实验的需要选择元件(单杆双作用缸、或门逻辑阀、双气控阀、二位三通电磁阀、三联件、连接软管),并检验元件的实用性能是否正常。

(2)根据原理图搭建实验回路。

(3)将二位三通单电磁换向阀的电源输入口插入相应的控制板输出口。

(4)确认连接安装正确稳妥,把三联件的调压旋钮放松,通电,开启气泵。待泵工作正常,再次调节三联件的调压旋钮,使回路中的压力在系统工作压力以内。

(5)如图 7-20 所示没有一个缸可以动作;当左边电磁阀得电时,压缩空气经左边电磁阀使双气控阀动作左位接入。压缩空气进入左缸的左位,左缸的活塞向右运行,同时压缩空气经或门逻辑阀让右边的双气控阀一直是右位工作。

(6)当左边的电磁阀失电,右边的电磁换向阀工作时,压缩空气经过双气控阀的左位进入右缸的右腔,活塞向右运行。同时压缩空气经或门逻辑阀控制左边的双气控阀一直右位接入,从而避免了同时动作。

(7)实验完毕后,关闭泵,切断电源,待回路压力为零时,拆卸回路,清理元器件并放回规定的位置。

5. 思考题

(1)如果要三级互锁该怎么做?

(2)如果不在回路中加单向节流阀安全吗?单向节流阀在此实验回路中的作用是什么?

7.4.4　双缸顺序动作回路

1. 实验目的

(1)掌握双缸顺序动作的工作原理。

(2)学会分析双缸顺序动作过程，能够独立搭建回路并动手操作。

2．实验原理

双杠顺序动作气路如图 7-20 所示。

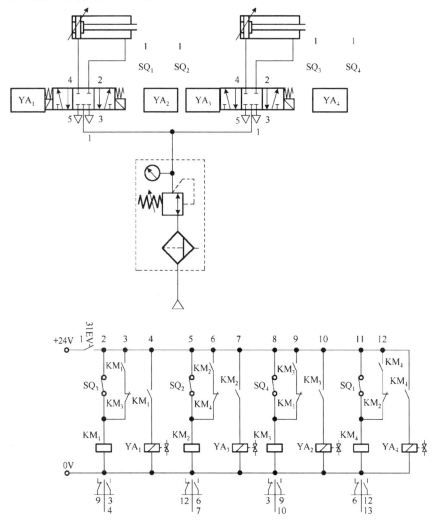

图 7-20　双杠顺序动作气路图

3．实验设备

SQDA-01 实验台、双作用气缸、二位五通双电磁换向阀、单气控换向阀、接近开关。

4．实验步骤

(1)根据实验需要选择元件(单杆双作用缸、接近开关、单气控换向阀、二位五通双电磁换向阀、三联件、连接软管)，并检验元件的实用性能是否正常。

(2)看懂原理图，搭建实验回路。

(3)将二位五通双电磁换向阀和接近开关的电源输入口插入相应的控制板输出口。

(4)确认连接安装正确稳妥，把三联件的调压旋钮放松，通电，开启气泵。待泵工作正常，再次调节三联件的调压旋钮，使回路中的压力在系统工作压力以内。

(5) 当电磁阀得电，左位接入，压缩空气使得左边的单气控阀动作，压缩空气进入左缸的左腔使得活塞向右运动；此时的右缸因为没有气体进入左腔而不能动作。

(6) 当左缸活塞杆靠近接近开关时，二位五通电磁阀迅速换向，气体作用于右边的气控阀促使其左位接入，压缩空气经过右边气控阀的左位进入右缸的左腔，活塞在压力的作用下向右运动，当活塞杆靠近接近开关时，二位五通电磁阀又回到左位。从而实现双缸的下一个顺序动作。

(7) 实验完毕后，关闭泵，切断电源，待回路压力为零时，拆卸回路，清理元器件并放回规定的位置。

5. 思考题

(1) 如果采用机械阀代替接近开关怎样动作？回路怎样搭建？

(2) 如果用压力继电器能实现这个顺序动作吗？理论进行验证。

7.4.5　计数回路

1. 实验目的

(1) 了解计数回路的工作原理。

(2) 能够独立搭建气动回路。

(3) 独立连接继电器控制回路。

2. 实验原理

计数回路气路如图 7-21 所示。

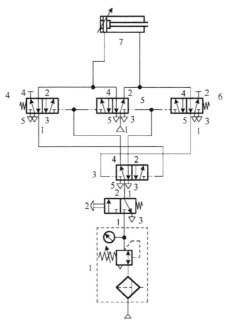

图 7-21　计数回路气路图

3. 实验设备

SQDA-01 气动实验台、双作用气缸、二位五通双气控换向阀、二位三通气控换向阀、手动阀。

4．实验步骤

(1) 根据实验需要选择元件(单杆双作用缸、二位五通双气控阀、二位五通单电磁阀〈但必须用配的塞头堵住 A 口或者 B 口〉、按钮阀、三联件、连接软管)，并检验元件的实用性能是否正常。

(2) 看懂原理图，搭建实验回路。

(3) 确认连接安装正确稳妥，把三联件的调压旋钮放松，通电，开启气泵。待泵工作正常，再次调节三联件的调压旋钮，使回路中的压力在系统工作压力以内。

(4) 如图 7-21 所示，按下按钮阀，压缩空气经最下面一个二位五通双气控阀至另一个二位五通双气控阀的左端使双气控阀换至左位，同时使左边的二位三通电磁阀断开，此时的气缸向右运动。

(5) 当按钮阀复位，此时作用于中间二位五通双气控阀的压缩空气经按钮阀排出，左边的二位三通气控阀在弹簧力的作用下复位。从而无杆缸的气体经二位三通阀作用最下面的二位五通阀使其换至右位，等待下次信号的再次输入。

(6) 当再次按下按钮阀，压缩空气经最下面的二位五通双气控阀至另一个二位五通阀的右端使其换至右位接通，气缸向左运行。同时右边的二位三通电磁阀将气路断开。当按钮阀复位后，中间二位五通气控阀的控制气体经下面的二位五通气控阀排出，同时右边的二位三通气控阀复位，有杆腔的气体经右边的二位三通阀作用于最下面的二位五通阀使其左位接入等待下一次的输入信号。

(7) 从以上反复动作可以得出当奇数次按下按钮阀时气缸是向右运动的；当偶数次按下按钮阀是向左运动的。

(8) 实验完毕后，关闭泵，切断电源，待回路压力为零时，拆卸回路，清理元器件并放回规定的位置。

注意：实验用的按钮阀是点动的，在一次动作过程中不能松开，同时也要注意系统的压力不能太大。

7.4.6　逻辑阀的运用回路

1．实验目的

(1) 了解逻辑阀的工作原理。

(2) 能够独立搭建气动回路。

(3) 独立连接继电器控制回路。

2．实验原理

逻辑阀回路气路如图 7-22 所示。

3．实验设备

SQDA-01 气动实验台、双作用气缸、单气控阀、或门逻辑阀、手动换向阀、二位三通电磁阀。

4．实验步骤

(1) 根据实验需要选择元件(单杆双作用缸、单气控阀、或门逻辑阀、手动换向阀、二位三通单电磁阀、三联件、连接软管)，并检验元件的使用性能是否正常。

(2) 看懂原理图后，搭建实验回路图。

(3) 将二位三通单电磁换向阀的电源输入口插入相应的控制板输出口。

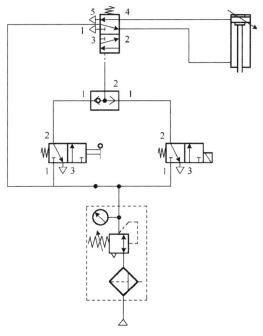

图 7-22　逻辑阀回路气路图

(4)确认连接安装正确稳妥，把三联件的调压旋钮旋松，通电开启气泵。待泵工作正常后，再次调节三联件的调压旋钮，使回路中的压力在系统工作压力以内。

(5)当切换手动阀时，压缩空气经手动阀作用于或门逻辑阀使单气控阀上位接入，压缩空气经单气控阀的上位进入气缸的上腔，气缸伸出。当手动阀换位时，单气控阀在弹簧力的作用下复位，压缩空气进入缸的下腔使其缩回。

(6)当二位三通电磁阀得电时，压缩空气经二位三通过或门逻辑阀作用于单气控阀，使其上位接入，压缩空气经气控阀的上位进入气缸的上腔，气缸伸出。当电磁阀失电时，单气控阀在弹簧的作用下复位，压缩空气进入缸的下腔使其缩回。

(7)实验完毕后，关闭泵，切断电源，待回路压力为零时，拆卸回路，清理元器件并放回规定的位置。

5. 思考题

本回路实现了手动和自动切换控制，思考在实际中怎么加以利用？

7.5　气动系统综合实验

本实验为机、电、气一体化综合实验。基于模块化气动实验台，应用 PLC 技术，模拟实现工业生产流水线中上料、加工、运输、组装、分拣各工序工作内容。

7.5.1　实验目的

(1)了解气动技术在工业现场的应用。

(2)了解各工序单元功能、机构组成；了解气动技术、机械技术、电工电子技术、传感器技术、PLC 控制技术、驱动技术等的融合。

(3)掌握气动系统设计方法。

(4)掌握传感器在各部分的应用。

(5)掌握 PLC 可编程控制器的编程方法。

7.5.2　实验设备

亚龙自动生产线实训装备。

7.5.3　实验内容

模拟加工流水线，系统由上料单元、加工单元、装配单元、分拣单元、输送单元组成，学生分为 5 个小组进行实验。各单元组成及功能如下所示。

1. 供料单元

1)功能

将放置在料仓中的工件自动推到物料台上，供运输单元的机械手抓取。

2)单元组成

供料单元主要由供料支撑架、工件推出总成、工件漏斗、气动电磁阀、气缸、磁感应接近开关、光电传感器、PLC 等组成，如图 7-23 所示。

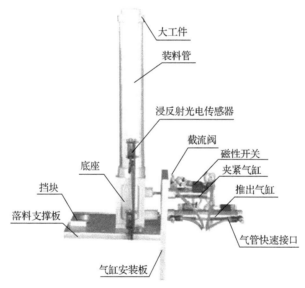

图 7-23　供料单元组成

3)单元气动控制回路

供料单元气动工作原理如图 7-24 所示。图中 1A 为推料气缸，2A 为顶料气缸。1B 和 2B 为推料气缸两个极限工作位置的磁感应接近开关，2B1 和 2B2 为顶料气缸两个极限工作位置的磁感应接近开关。1Y1 和 2Y1 为控制推料气缸和顶料气缸的电磁控制端。

4)PLC 输入输出接线图

供料单元 PLC 接线图如图 7-25 所示。

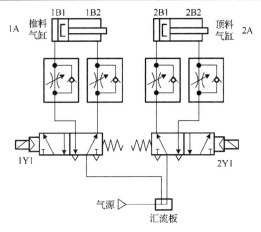

图 7-24 供料单元气路系统图

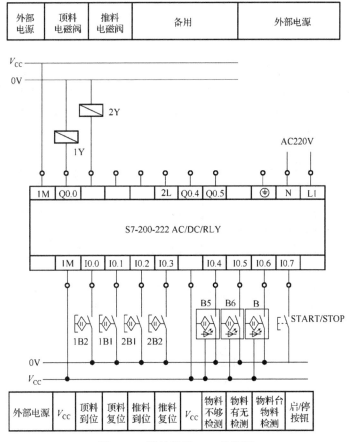

图 7-25 供料单元 PLC 接线图

2．加工单元

1）功能

把待加工的工件从物料处放置于加工区域冲压气缸的下方，完成对工件的冲压，将冲压后的工件送回物料台。

2) 组成

加工单元组成如图 7-26 所示。

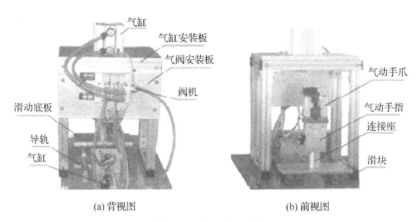

(a) 背视图　　　　　　　　(b) 前视图

图 7-26　加工单元组成

3) 气动控制回路

加工单元气动控制回路如图 7-27 所示。1B1 和 1B2 为冲压气缸两个极限工作位置的磁感应接近开关；2B1 和 2B2 为伸缩气缸两个极限工作位置的磁感应接近开关；3B1 和 3B2 为手爪气缸两个极限工作位置的磁感应接近开关；1Y1、2Y1、3Y1 分别为控制冲压气缸、伸缩气缸、手爪气缸的电磁控制端。电磁控制端由 PLC 控制，接线图参见图 7-28。

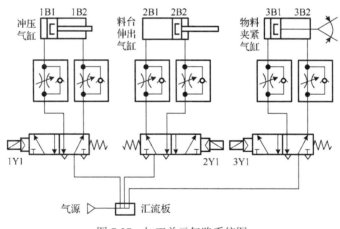

图 7-27　加工单元气路系统图

3. 装配单元

1) 功能

将两个物料组装在一起，并通过旋转工作台将组装后的产品送出，以便工运输单元抓取。

2) 组成

装配单元组成如图 7-29 所示。

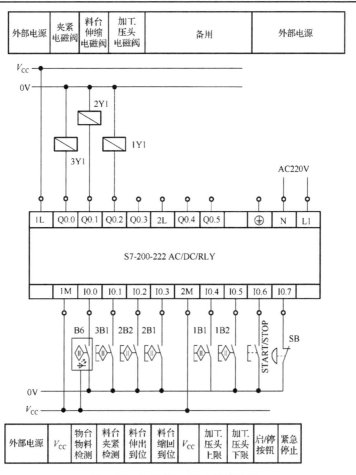

图 7-28　加工单元 PLC 的接线图

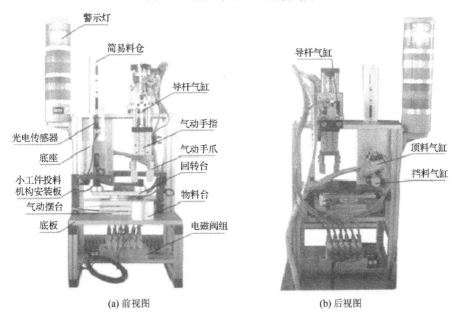

(a) 前视图　　　　　　　　　　　　(b) 后视图

图 7-29　装配单元组成

3)气路系统图

装配单元气路系统如图 7-30 所示。

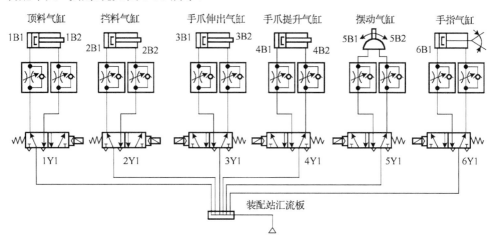

图 7-30　装配单元气路系统图

4)PLC 输入输出接线图(图 7-31 和图 7-32)

外部电源	物料不足检测	物料有无检测	物料左检测	物料右检测	物料台检测	顶料到位	顶料复位	挡料状态	落料状态	转缸左旋到位	转缸右旋到位	手爪夹紧检测	手爪下降到位	V_{CC}	手爪上升到位	手爪缩回到位	手爪伸出到位	启/停按钮	紧急停止

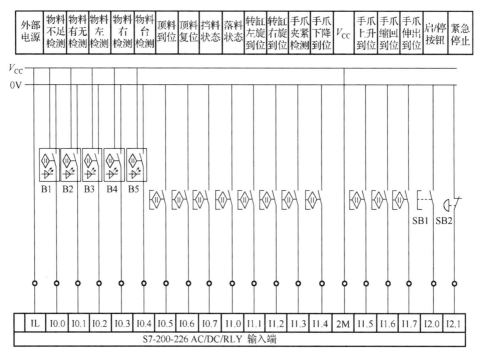

图 7-31　装配单元 PLC 输入端接线图

4. 分拣单元

1)功能

将已加工、装配好的工件进行分拣，将不同颜色的工件送入不同的分流槽，实现分拣。

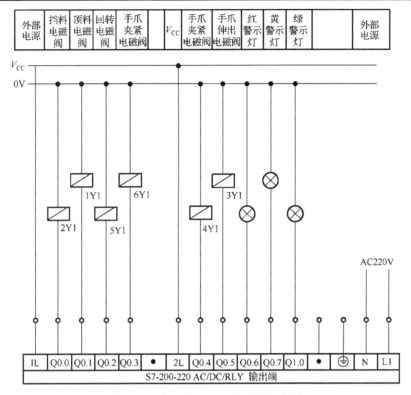

图 7-32 装配单元 PLC 输出端接线图

2)组成

分拣单元组成如图 7-33 所示。

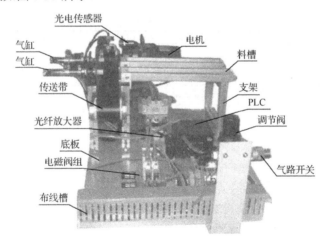

图 7-33 分拣单元组成图

3)气路系统图

分拣单元气路系统如图 7-34 所示。图中 1B1、2B1 分别为分拣气缸 1 和分拣气缸 2 极限工作位置的磁感应接近开关，1Y1、2Y1 分别为分拣气缸 1 和分拣气缸 2 极的电磁控制端。

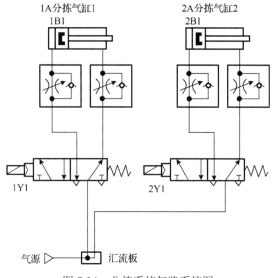

图 7-34　分拣系统气路系统图

4）PLC 输入输出接线图（图 7-35）

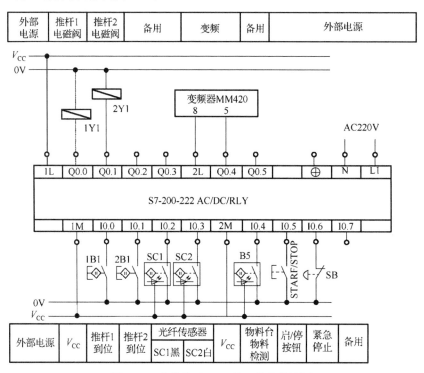

图 7-35　分拣单元 PLC 输入输出接线图

5. 输送单元

1）功能

将机械手根据需要精确定位供料单元、加工单元、装配单元、分拣单元的物料台，在物料台上抓取工件，并输送到指定地点。

2) 组成

输送单元组成如图 7-36 所示。

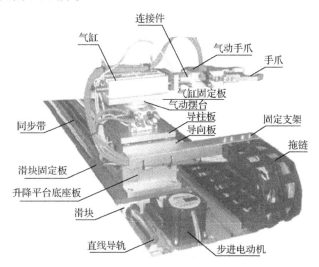

图 7-36 输送单元组成

3) 气路系统图

输送单元的气路系统如图 7-37 所示。途中 1B1、1B2 为提升气缸两个极限工作位置的磁感应接近开关；2B1、2B2 为手爪伸出气缸两个极限工作位置的磁感应接近开关；3B1、3B2 为摆动气缸两个极限工作位置的磁感应接近开关；4B1、4B2 为手指气缸两个极限工作位置的磁感应接近开关；1Y1、2Y1、3Y1、4Y1、4Y2 分别为各个气缸的电磁控制端。

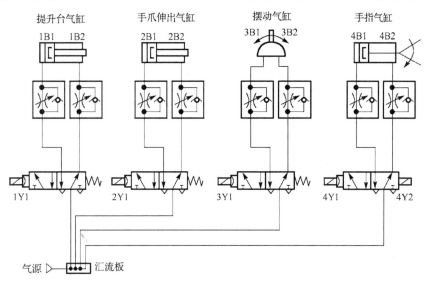

图 7-37 输送单元气路系统图

4) PLC 输入输出接线图

输送单元所需 I/O 口比较多。图 7-38 为输入端接线图，图 7-39 为输出端接线图。

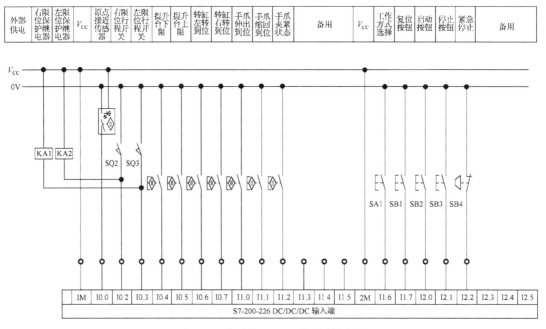

图 7-38　输送单元 PLC 输入端接线图

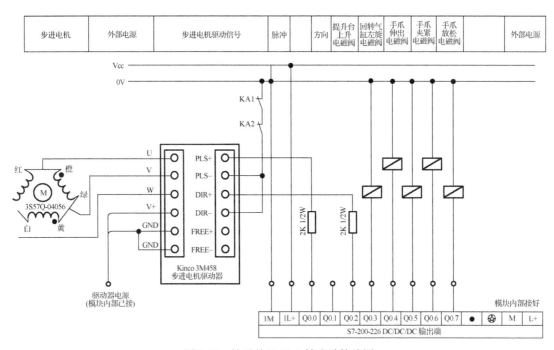

图 7-39　输送单元 PLC 输出端接线图

7.5.4　实验步骤

(1) 根据自己的学号选择自己所做的实验内容。

(2) 观看流水线运行视频，画出本单元工作流程图。

（3）根据本单元工作流程，结合单元的气路系统图，PLC 输入、输出接线图，画出该单元控制流程图。

（4）根据控制流程编制 PLC 控制梯形图，编制过程中，注意各执行机构之间的联锁关系。

（5）机调试程序。

（6）下载控制程序，连接单元的电路、气路，经指导教师对检查无误后，进行实验。

7.5.5　实验报告

（1）画出所对应单元的工作流程图。

（2）画出所对应单元的控制流程图。

（3）画出 PLC 控制梯形图，调试成功的 S7-200 程序。

（4）感兴趣的同学可进行五个单元的协同工作联调（选作）。

第 8 章　计算机控制技术

　　"计算机控制技术"是面向测控技术与仪器专业学生,以该专业所学理论与实验课程为基础的必修专业课程。计算机控制是计算机技术与自动控制理论、自动化技术、检测与传感技术、通信与网络技术紧密结合的产物。利用计算机快速强大的数值计算、逻辑判断等信息加工能力,计算机控制系统可以实现常规控制以外更复杂、更全面的控制方案。计算机为现代和智能控制理论的应用提供了有力的工具。

　　"计算机控制技术"理论是连续控制理论的延伸,主要任务是通过典型计算机数字控制技术与方法的学习与仿真设计,使学生了解计算机控制技术的发展现状及应用背景;了解 Z 变换及其性质的理论实质;掌握线性离散系统的 Z 变换分析法、根轨迹分析法和频率特性分析法;深刻理解数字 PID 控制器、最少拍系统、最小误差平方和等计算机单回路控制系统的设计方法;掌握实际应用中的纯滞后(Dahlin+Smith 预估算法)、串级、前馈-反馈、解耦等复杂计算机控制系统的设计方法;理解与掌握智能控制范畴的模糊控制系统的设计理念;最后结合实际应用,介绍集散控制系统(DCS)和现场总线(FCS)等网络式计算机控制系统的设计与实现方法。

　　实验教学包括 8 个实验(16 学时),其中离散系统的 Z 变换分析法实验 4 学时、数字 PID 控制器设计 2 学时、最少拍计算机控制系统设计 2 学时、纯滞后对象数字控制器设计 2 学时、模糊控制器设计 4 学时、基于组态软件的计算机控制系统设计 2 学时。总之,通过课程实践环节的训练,能够培养学生对控制系统较全面的性能分析、系统设计与仿真计算能力,使学生掌握以系统分析角度解决实际问题的方法,可为后续毕业设计以及将来实际工作提供系统分析的理论与实验基础。

8.1　基于 Matlab 语言的线性离散系统 Z 变换分析法

8.1.1　实验目的

　　(1)掌握基于 Matlab 语言的离散时间系统模型建立和描述方法。

　　(2)了解 Z 传递函数的留数与部分分式分析方法。

　　(3)掌握 Z 传递函数不同极点对系统动态行为的影响。

　　(4)理解离散系统的暂态与稳态响应分析。

　　(5)培养学生运用离散时间模型对控制系统性能进行分析的能力。

8.1.2　实验设备

　　(1)Matlab 软件(7.0 以上版本);

　　(2)计算机。

8.1.3　实验原理

1. 线性离散系统 Z 变换分析法

计算机作为控制系统的控制器，只能接收和处理数字信号，其输出也是数字信号。但实际被控对象的参数变化是连续的。因此，在计算机控制系统中，控制信号以脉冲序列或数字序列进行传递，而对象模型部分则以连续的信号方式进行传递，它们之间需要通过采样（A/D）和保持（D/A）环节进行信号转换，并且在这个信号的转换过程中，要符合采样（Shannon）定理。离散时间系统模型描述方法有差分方程、Z 传递函数和零极点增益等多种形式，最典型的连续时间系统模型有微分方程、拉普拉斯传递函数等，它们之间能够相互转换。每一种模型都从不同角度反映了离散或连续系统及环节的暂态与稳态特性。本实验借助 Matlab 软件完成上述问题的模型描述及分析，为后续计算机控制系统数字控制器的设计提供模型理论基础。

2. 预备知识

(1) 如果 Z 传递函数有重根极点时，举例说明其逆变换求解。

设 $F(z) = \dfrac{z}{(z-b)^2}$ 有两个重根极点 $z_{1,2} = b$，则 $F(z)$ 逆变换得到的离散点序列为 $f(k) = k \cdot b^{k-1}$。

(2) 如果 Z 传递函数有共轭复数极点时，举例说明其逆变换求解。

设 $F(z) = \dfrac{A_1 z}{z - z_1} + \dfrac{A_2 z}{z - z_2}$ 有两个共轭复数极点 $z_{1,2} = a \pm ib = R \cdot e^{\pm i\omega}$，则这一对共轭复数极点产生的输出时间序列为 $f(k) = \mathbf{Z}^{-1}[F(z)] = 2rR^k \cdot \cos(\omega k + \varphi)$。

8.1.4　实验内容

(1) 基于 Z 变换的模型建立与程序描述。在 Matlab 语言平台上，掌握差分方程、Z 传递函数和零极点增益模型的表示方法。

(2) Z 反变换模型表达与实现方法。完成 Z 传递函数的脉冲响应及其离散点序列描述，理解课程中 Z 变换的逆变换。

(3) 部分分式法的程序实现。掌握传递函数的极点与留数的计算方法，加深理解 $G(z)/z$ 的部分分式法实现过程。

(4) 不同极点的响应及特点分析。通过系统的脉冲和阶跃响应，理解不同极点（如单独极点、重根极点、共轭复数极点）对系统动态行为的影响。

(5) 系统的暂态与稳态响应分析。理解系统单位阶跃响应的 Z 变换是系统的传递函数与单位阶跃函数 Z 变换，并完成响应脉冲离散序列点的计算。

8.1.5　实验步骤

1. 基于 Z 变换的模型建立方法及不同模型之间的转换

请将式（8-1）Z 传递函数转换为如下模型：

$$F_1(z) = \frac{0.1z^2 + 0.03z - 0.07}{z^3 - 2.7z^2 + 2.42z - 0.72} \tag{8-1}$$

(1)零极点增益模型表达。

参考程序：

```
numg=[0.1 0.03 -0.07];
deng=[1 -2.7 2.42 -0.72];
g=tf(numg,deng,-1)
get(g);
[nn, dd]=tfdata(g,'v')
[zz,pp,kk]=zpkdata(g,'v')
%Unite circle region with distrbuting zeros points and poles points
hold on
pzmap(g), hold off
axis equal
```

(2)Z传递函数模型与零极点增益模型的相互转换。

参考程序：

```
gg=zpk(g)
[zz,pp,kk, tts]=zpkdata(gg,'v')
[z,p k,ts]=zpkdata(g,'v')
```

(3)编程练习。

请根据式(8-2)～式(8-5)进行编程练习。

$$F_2(z) = \frac{1.25z^2 - 1.25z + 0.30}{z^3 - 1.05z^2 + 0.8z - 0.1} \tag{8-2}$$

参考程序：

```
eg1mun=[1.25 -1.25 0.30];
eg1den=[1 -1.05 0.80 -0.10];
eg1=tf(eg1mun,eg1den,-1);
eg1zpk=zpk(eg1);
[zz1,pp1,kk1,tts1]=zpkdata(eg1zpk,'v');
```

$$F_3(z) = \frac{0.84z^3 - 0.062z^2 - 0.156z + 0.058}{z^4 - 1.03z^3 + 0.22z^2 + 0.094z + 0.05} \tag{8-3}$$

参考程序：

```
eg2mun=[0.84 -0.062 -0.156 0.058];
eg2den=[1 -1.03 0.22 0.094 0.05];
eg2=tf(eg2mun,eg2den,-1);
eg2zpk=zpk(eg2);
[zz2,pp2,kk2,tts2]=zpkdata(eg2zpk,'v');
```

$$F_4(z) = \frac{150(z+0.2)(z-0.4)}{(z-0.6)(z-0.3)(z^2-z+0.8125)} \tag{8-4}$$

参考程序：

```
zz3=[-0.2 0.4];
```

```
pp3=[0.6 0.5+0.75i 0.5-0.75i 0.3];
kk3=150;
tts3=-1;
eg3zpk=zpk(zz3,pp3,kk3,tts3);
eg3=tf(eg3zpk);
```

$$F_5(z) = \frac{5z^3 - 2.5z^2 - 0.2z + 0.3}{z^4 - 0.2z^3 - 0.51z^2 + 0.072z + 0.054} \tag{8-5}$$

参考程序:

```
zz4=[-0.3 0.4+0.2i 0.4-0.2i];
pp4=[-0.6 -0.3 0.5 0.6];
kk4=5;
tts4=-1;
eg4zpk=zpk(zz4,pp4,kk4,tts4);
eg4=tf(eg4zpk);
```

2. 运用 Z 反变换法求解系统的脉冲响应

求式(8-6)的 Z 反变换及其脉冲响应。

$$F_6(z) = \frac{2z^2 - 2.2z + 0.65}{z^3 - 0.6728z^2 + 0.0463z + 0.4860} \tag{8-6}$$

参考程序:

```
numg=[2 -2.2 0.65];
deng=[1 -0.6728 0.0463 0.4860];
[rGoz, pGoz,other]=residue(numg,[deng 0])
G=tf(numg,deng,-1)
impulse(G)
[y,k]=impulse(G);
stem(k,y,'filled');
impulse(G)
 [y,k]=impulse(g1,20);
stem(k,y,'filled'),grid
```

3. 运用留数法进行部分分式分解

$$y(k+2) - 1.8y(k+1) + 0.81y(k) = 2u(k+1) - 1.2u(k) \tag{8-7}$$

请用留数法将式(8-7)进行部分分式分解。

参考程序:

```
gcf
num=[3 -1.2];
den=[1 -1.8 0.81];
[rGoz, pGoz,other]=residue(num,[den 0])
t=0:60;
y=rGoz(2,1).*(t.*(pGoz(2,1).^(t-1)))+rGoz(1,1).*(pGoz(1,1).^(t))
y1=zeros(1,61);
```

```
y1(1,1)=rGoz(3,1);
y=y+y1;
t=ts*t;
stem(t,y,'filled'),grid
```

4. 不同极点的响应分析

(1)求系统具有共轭极点的响应。如极点 $z = e^{(\pm j*30*pi/3)}$，零点 $z = -0.5$，采样周期 $T_s = 0.5\mathrm{s}$。

参考程序：

```
gcf
ts=0.5;
num=[1 0.5];
den=conv([1 -exp(i*pi/3)],[1 -exp(-i*pi/3)]);
g1=tf(num,den,ts)
[y,k]=impulse(g1,20);
stem(k,y,'filled'),grid
```

(2)设共轭复数极点为 $z=0.5e^{(\pm j*30*pi/180)}$，求共轭复数极点的无零点系统的响应。

参考程序：

```
a=0.5*exp(j*30*pi/180);
b=0.5*exp(-j*30*pi/180);
ts=0.3;
t=0:50;
y=2*(0.5.^t).*cos(t.*(pi*30/180))
g1=tf(num,den,ts);
[y,k]=impulse(g1,20);
stem(k,y,'filled'),grid
```

5. 系统的暂态与稳态响应分析

(1)试分析式(8-8)闭环系统的暂态与稳态性能。

$$F(z) = \frac{2z^2 - 2.2z + 0.56}{z^3 - 0.6728z^2 + 0.0463z + 0.486} \tag{8-8}$$

参考程序：

```
numg=[2 -2.2 0.56];
deng=[1 -0.6728 0.0463 0.4860];
g=tf(numg,deng,1);
numgstep=[numg 0];
dengstep=conv(deng,[1 -1]);
gstep=tf(numgstep,dengstep,1)
dtime=[0:90];
yi=impulse(gstep,dtime)
subplot(2,1,1)
stem(dtime,yi,'filled')
ys=step(g,dtime);
```

```
subplot(2,1,2)
stem(dtime,ys,'filled')
dcgain(g)
ys_ss=ys(end)
ys_ss=ys(max(dtime))
```

(2)若输入为分段脉冲离散点序列，试分析其离散系统的响应。

参考程序：

```
subplot(1,1,1)
num=[2 -2.2 0.56];
den=[1 -0.6728 0.0463 0.4860];
ts=0.2;
g=tf(num,den,ts);
dtime=[0:ts:8]';
u=2.0*ones(size(dtime));
ii=find(dtime>=2.0);
u(ii)=0.5;
y=lsim(G,u,dtime);
stem(dtime,y,'filled'),grid
hold on
plot(dtime,u,'o')
hold off
text(2.3,-1.8,'output')
text(1.6,2.3,'input')
```

8.1.6　思考题

(1)线性离散系统有哪几种数学模型表示方法，各有何特点？

(2)通过实验曲线，分析传递函数不同极点(如单独极点、重根极点、共轭复数极点)对系统动态行为的影响。

(3)根据系统的阶跃响应，分析其暂态与稳态特性以及部分分式法(留数法)的意义。

(4)如果 Z 传递函数有重根极点时，如何完成该部分的逆变换求解？试推导预备知识问题 1 公式。

(5)如果 Z 传递函数有共轭复数极点时，如何完成该部分的逆变换求解？试推导预备知识问题 2 公式。

8.2　离散控制系统的性能分析(时域/频域)

8.2.1　实验目的

(1)掌握离散闭环系统的动态性能时域参数的分析与计算方法。

(2)掌握离散系统稳定性的频域典型参数分析与计算方法。

(3)培养学生掌握利用 Z 平面及频率特性来分析离散系统稳定性问题的专业基本技能。

8.2.2   实验设备

(1) Matlab 软件(7.0 以上版本);
(2) 计算机。

8.2.3   实验原理

1. S 平面与 Z 平面的映射关系

离散系统响应是由系统本身零极点特性决定的。但从物理模型特性分析,系统响应是由其阻尼系数、无阻尼自然振荡频率及频率特性所决定。通过 $z = \mathrm{e}^{Ts}$ 函数,S 平面上的极点与 Z 平面上的极点之间存在着一定的对应关系。我们可以像连续控制系统一样,通过分析闭环系统极点在 Z 平面上等阻尼、等无阻尼自然振荡频率等典型特性曲线的变化规律,来分析系统的动态特性。

以二阶系统为例,设系统闭环传递函数为 $W(s) = \dfrac{\omega_n{}^2}{s^2 + 2\zeta\omega_n s + \omega_n{}^2}$,其共轭极点 $s_1, s_2 = \sigma \pm \mathrm{j}\omega_d = -\zeta\omega_n \pm \mathrm{j}\omega_n\sqrt{1-\zeta^2}$ 在 S 平面上的分布如图 8-1 所示。其中,ω_d 为阻尼自然振荡频率,ω_n 为无阻尼自然振荡频率,ζ 为阻尼系数或阻尼比。

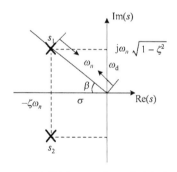

图 8-1   共轭极点 s_1, s_2 在 S 平面上的分布

则其闭环极点的张角 β 为

$$\cos\beta = \frac{\zeta\omega_n}{\sqrt{(\omega_n\sqrt{1-\zeta^2})^2 + (\zeta\omega_n)^2}} = \zeta \tag{8-9}$$

所以 $\beta = \cos^{-1}\zeta$,β 称为阻尼角,图 8-1 中左半平面的斜线称为等阻尼线。

为了便于程序编写及理解,下面给出 S 平面极点轨迹特殊特性曲线(水平线、铅垂线、圆周、等阻尼线)在 Z 平面映射关系的公式表达以及程序中公式表达式的注释说明。

设 S 平面极点为 $s = \sigma + \mathrm{j}\omega = r_s \cdot \mathrm{e}^{\mathrm{i}\theta_s}$,Z 平面极点为 $z = a + \mathrm{i}b = r_z \cdot \mathrm{e}^{\mathrm{i}\theta_z}$,已知它们之间的映射关系为 $z = \mathrm{e}^{Ts}$。则

(1) 当 S 平面为水平线时,ω 为常数,在 Z 平面映射为 $\theta_z = \omega T$,即通过原点的直线。

(2) 当 S 平面为铅垂线时,σ 为常数,在 Z 平面的映射关系为 $r_z = \mathrm{e}^{T\sigma}$,$\theta_z = \omega T$。

(3) 当 S 平面为圆周时，令 S 平面圆周半径为 $r_s = 1$，$T = 1$，则在 Z 平面的映射关系为 $\ln r_z = \cos\theta_s$，$\theta_z = \sin\theta_s$。

(4) 当 S 平面为等阻尼线时，θ_s 为常数，在 Z 平面映射为 $r_z = e^{Tr_s\cos\theta_s}$，$\theta_z = Tr_s\sin\theta_s$。

下面给出本实验示例程序中公式表达式的注释说明。

设 S 平面的极点为 s=real(s)+j*imag(s)，则其指数表示为 s=abs(s)*exp(j*angle(s))，其对应的 Z 平面极点表示为 z=real(z)+j*imag(z)，Z 平面极点的指数表示为 z=abs(z)*exp(j*angle(z))。

因此，可以得到如下公式表达式：

abs(z)*exp(j*angle(z))=exp((real(s)+j*imag(s))*ts)=exp(real(s)*ts)*exp(j*imag(s)*ts)；

abs(z)=exp(real(s)*ts), thus, real(s)=log(abs(z))/ts；

angle(z)=imag(s)*ts, imag(s)=angle(z)/ts。

由式(8-9)阻尼系数公式，可得 $\zeta = |\cos(\text{theta})|$，theta=arctan(–imag(s)/real(s))。

同理得 $\zeta = |\cos(\arctan(-\text{angle}(z) / \log(\text{abs}(z))))|$。

2. 离散系统的根轨迹及 Bode 图分析

设离散控制系统如图 8-2 所示，应用 Matlab 软件对其闭环系统的动态性能时域参数进行分析。此外，基于离散系统频率特性 Bode 图(幅频、相频特性曲线图)分析系统的稳定性。

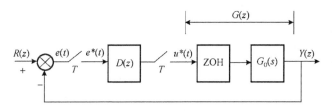

图 8-2　闭环离散控制系统原理图

8.2.4　实验内容

(1) Z 平面零极点特性指标参数分析(如阻尼系数、无阻尼自然振荡频率)。

(2) S 平面与 Z 平面映射关系分析。在 Matlab 语言平台上，通过程序完成 S 平面与 Z 平面之间极点的相互转换，并研究 S/Z 两个平面域特殊曲线(水平线、铅垂线、圆周(等无阻尼自然振荡频率)和斜线(等阻尼比))之间的相互映射方法。

(3) 离散系统根轨迹分析。系统阶跃响应(上升时间和超调量等)与阻尼系数、无阻尼自然振荡频率之间关系分析。

(4) 通过 Bode 图(幅频图和相频图)进行离散系统的频域分析。根据系统的增益裕度与相位裕度，进一步理解离散系统的稳定性条件。

8.2.5　实验步骤

1. 式(8-10)系统在 S/Z 平面的阻尼系数和无阻尼自然振荡频率

$$F(z)\frac{0.02419z^2 + 0.001626z - 0.02105}{z^3 - 2.581z^2 + 2.24z - 0.6544} \tag{8-10}$$

参考程序：

```
ts=0.1;
gp=tf(1,[1 1 0]);
gz=c2d(gp,ts,'zoh');
kz=tf(5*[1,-0.9],[1 -0.7],ts);
sys_ta=feedback(gz*kz,1,-1);
p=pole(sys_ta);        %求系统极点
radii=abs(p);          %求极点幅值
angl=angle(p);         %求极点相位
damp(sys_ta);
real_s=log(radii)/ts;
img_s=angl/ts;
zeta=cos(atan(-img_s./real_s));
wn=sqrt(real_s.^2+img_s.^2);
```

2. S/Z 两个平面域特殊曲线的映射关系研究

(1)S 平面水平线在 Z 平面的映射。

参考程序：

```
xx=[0:0.05:1]'   %设定采样时间范围
N=length(xx)     %求采样点个数
s0=-xx*35;
s=s0*[1 1 1 1 1]+
j*ones(N,1)*[0,0.25,0.5,0.75,1]*pi/ts
plot(real(s(:,1)),imag(s(:,1)),'-o',real(s(:,2)),imag(s(:,2)),'-s',real(s(:,
3)),imag(s(:,3)),'-^',real(s(:,4)),imag(s(:,4)),'-*',real(s(:,5)),imag(s(:,5)),
'-v'),sgrid         %画 S 平面域水平线的极点轨迹
z=exp(s*ts)
plot(real(z(:,1)),imag(z(:,1)),'-o',real(z(:,2)),imag(z(:,2)),'-s',real(z(:,
3)),imag(z(:,3)),'-^',real(z(:,4)),imag(z(:,4)),'-*',real(z(:,5)),imag(z(:,5)),
'-v'),zgrid           %对应 S 平面域画 Z 平面域的极点轨迹
```

(2)S 平面铅垂线在 Z 平面的映射。

参考程序：

```
s0=j*xx*pi/ts;
s=ones(N,1)*[0,-5,-10,-20,-30]+s0*[1 1 1 1 1]
plot(real(s(:,1)),imag(s(:,1)),'-o',real(s(:,2)),imag(s(:,2)),'-s',real(s
(:,3)),imag(s(:,3)),'-^',real(s(:,4)),imag(s(:,4)),'-*',real(s(:,5)),imag(s(:,5)),
'-v'),sgrid           %画 S 平面域铅垂线的极点轨迹
z=exp(s*ts)
plot(real(z(:,1)),imag(z(:,1)),'-o',real(z(:,2)),imag(z(:,2)),'-s',real(z
(:,3)),imag(z(:,3)),'-^',real(z(:,4)),imag(z(:,4)),'-*',real(z(:,5)),imag(z(:,5)),
'-v'),zgrid           %对应 S 平面域画 Z 平面域的极点轨迹
```

(3)S 平面圆周在 Z 平面的映射。

参考程序：

```
phi=xx*pi/2
s0=(pi/ts)*(-cos(phi)+j*sin(phi))
s=s0*[1,0.75,0.5,0.25,0]
plot(real(s(:,1)),imag(s(:,1)),'-o',real(s(:,2)),imag(s(:,2)),'-s',real(s
(:,3)),imag(s(:,3)),'-^',real(s(:,4)),imag(s(:,4)),'-*',real(s(:,5)),imag(s
(:,5)),'-v'),sgrid          %画 S 平面圆周线的极点轨迹
z=exp(s*ts)
plot(real(z(:,1)),imag(z(:,1)),'-o',real(z(:,2)),imag(z(:,2)),'-s',real(z
(:,3)),imag(z(:,3)),'-^',real(z(:,4)),imag(z(:,4)),'-*',real(z(:,5)),imag(z(:,5)),
'-v')                 % 对应 S 平面域画 Z 平面域的极点轨迹
```

(4) S 平面等阻尼线在 Z 平面的映射。

参考程序：

```
s=s0*[1 1 1 1]-imag(s0)*[0,1/tan(67.5*pi/180),
1/tan(45*pi/180),1/tan(22.5*pi/180)]
s=[s,real(s(:,4))];
plot(real(s(:,1)),imag(s(:,1)),'-o',real(s(:,2)),imag(s(:,2)),'-s',real(s
(:,3)),imag(s(:,3)),'-^',real(s(:,4)),imag(s(:,4)),'-*',real(s(:,5)),imag(s(:,5)),
'-v'),sgrid           %画 S 平面域斜线的极点轨迹
z=exp(s*ts)
plot(real(z(:,1)),imag(z(:,1)),'-o',real(z(:,2)),imag(z(:,2)),'-s',…
real(z(:,3)),imag(z(:,3)),'-^',real(z(:,4)),imag(z(:,4)),'-*',real(z(:,5)),
imag(z(:,5)),'-v'),zgrid    %对应 S 平面域画 Z 平面域的极点轨迹。
```

3. 离散系统根轨迹分析

设离散系统的闭环和开环传递函数分别如式(8-11)和式(8-12)所示。

$$\text{sys\_ta}(z) = \frac{0.02419z^2 + 0.001626z - 0.02105}{z^3 - 2.581z^2 + 2.24z - 0.6544} \tag{8-11}$$

$$\text{gz*kz} = \frac{0.02419z^2 + 0.001626z - 0.02105}{z^3 - 2.605z^2 + 2.238z - 0.6334} \tag{8-12}$$

试对其进行根轨迹分析。

参考程序：

```
k=[0:1:60];
step(sys_ta,k*ts) %求阶跃响应
rlocus(gz*kz)           %根轨迹 Root-locus analysis
numg=[1 0.5];
deng=conv([1 -0.5 0],[1 -1 0.5]);
sys_z=tf(numg,deng,-1) %创建数字系统
rlocus(sys_z)                %画根轨迹
%Root-locus analysis
numg=[1];
deng=[1 4 0];
ts=0.25
sys_s2=tf(numg,deng)
```

```
sys_z2=c2d(sys_s2,ts,'imp')   %变连续系统传递函数为离散系统传递函数
rlocus(sys_z2)
```

4. 离散系统频域分析

试对式(8-11)、式(8-12)离散系统进行频域分析。

参考程序：

```
a=1.583e-7;
k=[1e7,6.32e6,1.65e6];
w1=-1;
w2=1;
ts=0.1;        %设定采样时间
v=logspace(w1,w2,100);
%生成从10的a次方到10的b次方之间按对数等分的n个元素的行向量。
%logspace(a,b,n)，其中a、b、n分别表示开始值、结束值、元素个数。
deng=[1.638 1 0];
numg1=k(1,1)*a*[-1 1]
numg2=k(1,2)*a*[-1 1]
numg3=k(1,3)*a*[-1 1]
sys_s1=tf(numg1,deng)   %创建传递函数
sys_s2=tf(numg2,deng)
sys_s3=tf(numg3,deng)
bode(sys_s1,sys_s2,sys_s3,v),grid on   %画sys_s1,sys_s2,sys_s3 bode图
numg=1.2e-7*[1 1]
deng=conv([1 -1],[1 -0.242]);
sys_z2=tf(numg,deng,ts)
rlocus(sys_z2),grid on
```

8.2.6　思考题

(1)S 平面与 Z 平面通过怎样的关系进行映射？试推导 S 平面极点轨迹特殊特性曲线(水平线、铅垂线、圆周、等阻尼线)在 Z 平面上的映射关系公式表达，要有推导过程。

(2)系统阶跃响应参数(上升时间和超调量等)与阻尼系数、无阻尼自然振荡频率之间有什么变化关系？

(3)离散系统采用根轨迹或 Bode 图分析系统稳定性，各有什么特点？

8.3　数字 PID 控制器设计——直流电动机闭环调速实验

8.3.1　实验目的

(1)掌握模拟 PID 控制器的离散化建模方法。

(2)掌握数字 PID 参数整定及仿真分析方法。

(3)培养学生设计数字 PID 控制器、控制器参数整定及分析专业问题的能力。

8.3.2　实验设备

(1) Matlab 软件(7.0 以上版本);

(2) 计算机。

8.3.3　实验原理

如图 8-3 所示,PID 控制器根据偏差的比例(P)、积分(I)、微分(D)对 $G(s)$ 的输出 $y(t)$ 进行控制和跟踪。

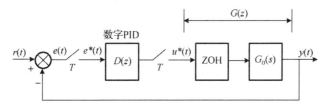

图 8-3　数字 PID 控制系统

假设 T 足够小,模拟控制器 PID 的离散化过程如下式所示:

$$u(t) \approx u(k)$$

$$e(t) \approx e(k)$$

$$\int_0^t e(t)\mathrm{d}t \approx \sum_{j=0}^{k} e(j) \cdot T$$

$$\frac{\mathrm{d}e(t)}{\mathrm{d}t} \approx \frac{e(k)-e(k-1)}{T}$$

则得到控制器的差分方程为

$$u(k) = K_\mathrm{P}\left[e(k) + \frac{T}{T_\mathrm{I}} \sum_{j=0}^{k} e(j) + T_\mathrm{D} \frac{e(k)-e(k-1)}{T} \right]$$

通过对上述差分方程进行 Z 变换,得到 PID 控制器的 Z 传递函数模型为

$$D(z) = \frac{U(z)}{E(z)} = \frac{K_\mathrm{P}(1-z^{-1}) + K_\mathrm{I} + K_\mathrm{D}(1-z^{-1})^2}{1-z^{-1}}$$

式中

$$\begin{cases} K_\mathrm{I} = K_\mathrm{P} \cdot T / T_\mathrm{I} \\ K_\mathrm{D} = K_\mathrm{P} \cdot T_\mathrm{D} / T \end{cases}$$

8.3.4　实验内容

(1) 如图 8-4 所示,以单闭环调速系统为例,完成模拟 PID 控制器的设计,并运用 Matlab 软件对该调速系统的 P、I、D 控制作用进行分析。

(2) 数字 PID 控制器的设计及性能分析。

(3) 模拟 PID 与数字 PID 控制效果分析。

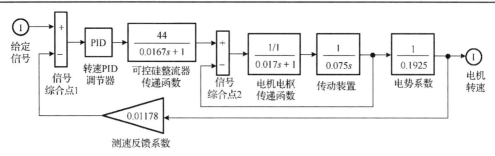

图 8-4　单闭环调速系统

8.3.5　实验步骤

1. 模拟 PID 控制器的设计与仿真

(1) 比例 (P) 控制作用分析。

为分析纯比例 P 控制器的作用,考察当 $T_d = 0$, $T_i = \infty$, $K_p = 1 \sim 5$ 时对系统阶跃响应的影响。

MATLAB 参考程序如下:

```
G1=tf(1,[0.017 1]);
G2=tf(1,[0.075 0]);
G12=feedback(G1*G2,1);
G3=tf(44,[0.00167 1]);
G4=tf(1,0.1925);
G=G12*G3*G4;
Kp=[1:1:5];
for i=1:length(Kp)
Gc=feedback(Kp(i)*G,0.01178);
step(Gc),hold on
end
axis([0 0.2 0 130]);
gtext(['1Kp=1']),
gtext(['2Kp=2']),
gtext(['3Kp=3']),
gtext(['4Kp=4']),
gtext(['5Kp=5']),
```

(2) 积分 (I) 控制作用分析。

保持 K_p=1 不变,考察 T_i=0.03~0.07 时对系统阶跃响应的影响。

MATLAB 参考程序如下:

```
G1=tf(1,[0.017 1]);
G2=tf(1,[0.075 0]);
G12=feedback(G1*G2,1);
G3=tf(44,[0.00167 1]);
G4=tf(1,0.1925);
G=G12*G3*G4;
Kp=1;
```

```
Ti=[0.03:0.01:0.07];
for i=1:length(Ti)
Gc=tf(Kp*[Ti(i) 1],[Ti(i) 0]);
```

%　PI 传函 $G_C = K_p\left(1 + \dfrac{1}{T_i s}\right)$

```
Gcc=feedback(G*Gc,0.01178)
step(Gcc),hold on
end
gtext(['1Ti=0.03']),
gtext(['2Ti=0.04']),
gtext(['3Ti=0.05']),
gtext(['4Ti=0.06']),
gtext(['5Ti=0.07']),
```

(3) 微分 (D) 作用分析。

为分析微分控制的作用，保持 $K_p=1$，$T_i=0.01$ 不变，考察当 $T_d = 12 \sim 84$ 时对系统阶跃响应的影响。

MATLAB 参考程序如下：

```
G1=tf(1,[0.017 1]);
G2=tf(1,[0.075 0]);
G12=feedback(G1*G2,1);
G3=tf(44,[0.00167 1]);
G4=tf(1,0.1925);
G=G12*G3*G4;
Kp=0.01;
Ti=0.01;
Td=[12:36:84];
for i=1:length(Td)
Gc=tf(Kp*[Ti*Td(i) Ti 1],[Ti 0]);
```

%　PID 传函 $G_C = K_p\left(1 + \dfrac{1}{T_i s} + T_d s\right)$

```
Gcc=feedback(G*Gc,0.01178)
step(Gcc),hold on
end
gtext(['1Td=12']),
gtext(['2Td=48']),
gtext(['3Td=84']),
```

2. 数字 PID 控制器的设计及实现

仿照上述过程，进行 PID 离散化仿真程序编写及结果分析。

(1) 比例 (P) 控制作用，设采样周期为 0.001s。

Matlab 参考程序如下：

```
G1=tf(1,[0.017 1]);
G2=tf(1,[0.075 0]);
```

```
G12=feedback(G1*G2,1);
G3=tf(44,[0.00167 1]);
G4=tf(1,0.1925);
G=G12*G3*G4;
Kp=[1:1:5];
ts=0.001;
for i=1:length(Kp)
Gc=feedback(Kp(i)*G,0.01178);
Gcc=c2d(Gc,ts,'zoh');
step(Gcc),hold on
end
axis([0 0.2 0 130]);
gtext(['1Kp=1']),
gtext(['2Kp=2']),
gtext(['3Kp=3']),
gtext(['4Kp=4']),
gtext(['5Kp=5']),
```

(2)比例积分(PI)控制，设采样周期为 0.001s。

Matlab 参考程序如下：

```
G1=tf(1,[0.017 1]);
G2=tf(1,[0.075 0]);
G12=feedback(G1*G2,1);
G3=tf(44,[0.00167 1]);
G4=tf(1,0.1925);
G=G12*G3*G4;
Kp=1;
Ti=[0.03:0.01:0.07];
ts=0.001;
for i=1:length(Ti)
Gc=tf(Kp*[Ti(i) 1],[Ti(i) 0]);
Gcc=feedback(G*Cc,0.01178);
Gccd=c2d(Gcc,ts,'zoh');
step(Gccd),hold on
end
axis([0,0.6,0,140]);
gtext(['1Ti=0.03']),
gtext(['2Ti=0.04']),
gtext(['3Ti=0.05']),
gtext(['4Ti=0.06']),
gtext(['5Ti=0.07']),
```

(3)比例积分微分(PID)控制，设采样周期为 0.05s。

Matlab 参考程序如下：

```
G1=tf(1,[0.017 1]);
G2=tf(1,[0.075 0]);
```

```
G12=feedback(G1*G2,1);
G3=tf(44,[0.00167 1]);
G4=tf(1,0.1925);
G=G12*G3*G4;
Kp=0.01;
Ti=0.01;
Td=[12:36:84];
ts=0.05;
for i=1:length(Td)
Gc=tf(Kp*[Ti*Td(i) Ti 1],[Ti 0]);
Gcc=feedback(G*Gc,0.01178)
Gccd=c2d(Gcc,ts,'zoh');
step(Gccd),hold on
end
axis([0 20 0 100]);
gtext(['1Td=12']),
gtext(['2Td=48']),
gtext(['3Td=84']),
```

3. 模拟 PID 与数字 PID 控制效果分析

根据上述控制器设计及仿真效果，分析模拟 PID 与数字 PID 的控制特点。

8.3.6　思考题

(1) 数字 PID 控制器中 P、I、D 环节各有什么调节作用？
(2) 采样周期对数字 PID 控制器的控制效果有怎样的影响？应该怎样选取？
(3) 工业应用中的 PID 控制器，有哪些实际问题，应该怎样改进？

8.4　最少拍计算机控制系统设计

8.4.1　实验目的

(1) 学习并掌握有纹波最少拍控制器的设计及 Simulink 仿真实现。
(2) 研究最少拍控制系统对三种典型输入的局限性及输出采样点间的纹波。
(3) 掌握最少拍无纹波控制器的设计和 Simulink 仿真实现。
(4) 研究输出采样点间的纹波消除方法以及最少拍无纹波控制系统局限性。
(5) 培养学生基于离散控制理论设计时间最优数字控制器的专业技能。

8.4.2　实验工具

(1) Matlab 软件(7.0 以上版本)；
(2) 计算机。

8.4.3 实验原理

如图 8-5 所示采样–数字控制系统。$G(z)$ 为数字控制器，ZOH 为零阶保持器，$G_0(s)$ 为被控对象的传递函数，$G(z)$ 为广义被控对象的脉冲传递函数，T 为采样周期。

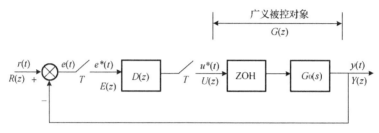

图 8-5 最少拍采样–数字控制系统

所谓最少拍控制(deadbeat control)，也称最小调整时间系统或最快响应系统。它是指系统对于典型输入(如阶跃信号、速度信号、加速度信号等)，具有最快的响应速度。即系统在典型输入作用下，经过最少采样周期，使得输出稳态误差为零，达到完全跟踪。即存在一个整数 $N > 0$ ，当 $k \geqslant N$ 时，$e(kT)$ 为恒定值或等于零，且项数 N 越少越好。N 是可能情况下的最小正整数，称为"拍"。最少拍控制系统实质上是时间最优控制系统，系统的性能指标就是系统调节时间最短或尽可能短。因此，最少拍控制器的设计可分为有纹波和无纹波两种设计方法。

(1)最少拍有纹波控制器设计。

$$D(z) = \frac{W(z)}{W_e(z)G(z)}$$

式中，$G(z)$ 为广义对象的脉冲传递函数，$G(z) = Z\left[\dfrac{1 - e^{-Ts}}{s} \cdot G_0(s)\right]$；$W_e(z)$ 为闭环系统误差脉冲传递函数，其零点中应含 $G(z)$ 的全部不稳定极点$((1,\ j0)$除外$)$；$W(z)$ 为闭环系统脉冲传递函数。$W(z) = 1 - W_e(z)$ 的零点中应含 $G(z)$ 的全部不稳定的零点，$W(z)$ 与 $G(z)$ 分子中的 z^{-1} 因子个数相同(即都含有 z^{-N}，共有 N 个)。

(2)最少拍无纹波控制器设计。

$$D(z) = \frac{W(z)}{W_e(z)G(z)}$$

式中，$W_e(z)$ 零点中应含 $G(z)$ 的全部极点$((1,\ j0)$除外$)$。

8.4.4 实验内容

(1)根据给定对象，分别设计有纹波和无纹波最小拍控制器。
(2)根据设计的最小拍控制系统，完成三种典型输入信号的 Simulink 建模与仿真分析。
(3)比较有纹波和无纹波最小拍控制系统的优缺点，提出改进措施。

8.4.5　实验步骤

1. 有纹波最小拍控制器的设计

设图 8-5 中受控对象的传递函数为

$$G_0(s) = \frac{10}{s(s+1)} \tag{8-13}$$

取采样周期 $T = 1\text{s}$。首先求取广义被控对象的脉冲传递函数：

$$\begin{aligned} G(z) &= Z\left[\frac{1 - e^{-Ts}}{s} \cdot G_0(s)\right] = (1 - z^{-1})Z\left[\frac{10}{s^2(s+1)}\right] \\ &= (1 - z^{-1}) \times 10\left[\frac{z^{-1}}{(1 - z^{-1})^2} - \frac{1}{1 - z^{-1}} + \frac{1}{1 - 0.3679z^{-1}}\right] \\ &= \frac{3.679z^{-1}(1 + 0.718z^{-1})}{(1 - z^{-1})(1 - 0.3679z^{-1})} \end{aligned} \tag{8-14}$$

最小拍系统是按照指定的输入形式设计的，输入形式不同，数字控制器也不同。因此，下面对三种典型输入信号分别进行考虑。

1) 单位阶跃信号

$G(z)$ 中有一个 z^{-1}，则 $W(z)$ 中必包含一个 z^{-1} 因子。且知 $G(z)$ 的分母中有 $(1 - z^{-1})$，输入信号为单位阶跃信号 $R(z) = \dfrac{1}{1 - z^{-1}}$，则 $N = 1$。又 $G(z)$ 中极点数比零点数多 1，因而取 $W(z) = z^{-1}$。则 $W_e(z) = 1 - W(z) = 1 - z^{-1}$。

因此最小拍控制器为

$$D(z) = \frac{W(z)}{G(z)[1 - W(z)]} = \frac{z^{-1}}{\dfrac{3.679z^{-1}(1 + 0.718z^{-1})}{(1 - z^{-1})(1 - 0.3679z^{-1})}(1 - z^{-1})} = \frac{0.2717(1 - 0.3679z^{-1})}{1 + 0.718z^{-1}} \tag{8-15}$$

检验误差序列：

$$E(z) = [1 - W(z)]R(z) = (1 - z^{-1})\frac{1}{1 - z^{-1}} = 1 \tag{8-16}$$

从式 (8-16) 得知，所设计的系统当 $k > 1$ 后，$e(k) = 0$。就是说，一拍以后，系统输出等于输入，设计正确。

2) 单位速度信号

原理同上，可以得到

$$\begin{aligned} D(z) &= \frac{W(z)}{G(z)[1 - W(z)]} = \frac{2z^{-1}(1 - 0.5z^{-1})}{\dfrac{3.679z^{-1}(1 + 0.718z^{-1})}{(1 - z^{-1})(1 - 0.3679z^{-1})}(1 - z^{-1})^2} \\ &= \frac{0.5434(1 - 0.5z^{-1})(1 - 0.3679z^{-1})}{(1 - z^{-1})(1 + 0.718z^{-1})} \end{aligned} \tag{8-17}$$

检验误差序列：

$$E(z) = [1 - W(z)]R(z) = (1 - z^{-1})^2 \frac{z^{-1}}{(1 - z^{-1})^2} = z^{-1} \tag{8-18}$$

从式(8-18)看出,按单位速度输入设计的系统,当 $k \geqslant 2$ 之后,即二拍之后,误差 $e(k) = 0$。

3) 单位加速度信号

$$D(z) = \frac{W(z)}{G(z)[1 - W(z)]} = \frac{3z^{-1}(1 - z^{-1} + 1/3z^{-2})}{\dfrac{3.679z^{-1}(1 + 0.718z^{-1})}{(1 - z^{-1})(1 - 0.3679z^{-1})}(1 - z^{-1})^3}$$

$$= \frac{0.8154(1 - z^{-1} + 1/3z^{-2})(1 - 0.3679z^{-1})}{(1 - z^{-1})^2(1 + 0.718z^{-1})} \tag{8-19}$$

检验 $E(z)$:

$$E(z) = [1 - W_b(z)]R(z) = (1 - z^{-1}) \cdot \frac{z^{-1}(1 + z^{-1})}{2(1 - z^{-1})^3} = 0.5(z^{-1} + z^{-2}) \tag{8-20}$$

可知,按加速度输入信号设计的系统当 $k \geqslant 3$,即三拍之后,误差 $e(k) = 0$。

2. 有纹波最小拍控制系统 Simulink 建模与仿真分析

在三种输入(单位阶跃/速度/加速度)分别作用下,运用 Simulink 对其有纹波最少拍控制结果进行建模仿真,并将输入、输出和误差三条曲线放置在同一示波器中进行跟随特性分析。

1) 单位阶跃信号

系统 Simulink 仿真模型框图如图 8-6 所示。

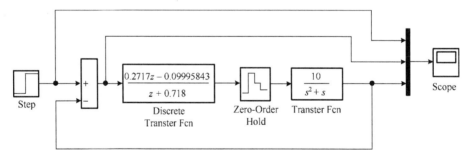

图 8-6 单位阶跃信号输入时有纹波最少拍控制系统

将输入、输出和误差三条曲线数据存为矩阵形式,命名为 y,在 Matlab 命令窗口输入:

```
>> plot(y(:,1),y(:,2:4))
>> grid on ,legend('输入','误差','输出')
```

可得仿真结果如图 8-7 所示。

2) 单位速度信号

控制系统 Simulink 框图如图 8-8 所示。

在 Matlab 命令窗口输入:

```
>> plot(tout(:,1),y2(:,2:4))
>> grid on ,legend('输入','误差','输出')
```

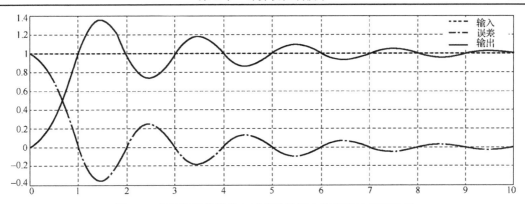

图 8-7　单位阶跃信号输入时有纹波最少拍系统的仿真结果

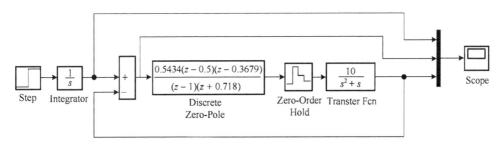

图 8-8　单位速度信号输入时有纹波最少拍控制系统

得到仿真结果为图 8-9 所示。

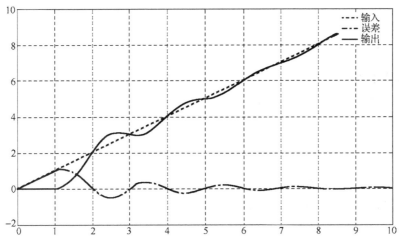

图 8-9　单位速度信号输入时有纹波最少拍系统的仿真结果

3) 单位加速度信号

控制系统 Simulink 框图如图 8-10 所示。

在 Matlab 命令窗口输入：

```
>> plot(tout(:,1),y2(:,2:4))
>> grid on,legend('输入','误差','输出')
```

仿真结果图如图 8-11 所示。

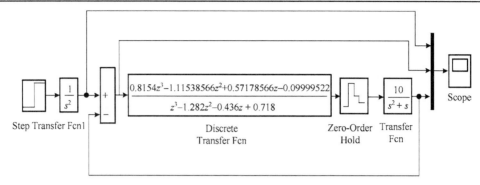

图 8-10　单位加速度信号输入时有纹波最少拍控制系统

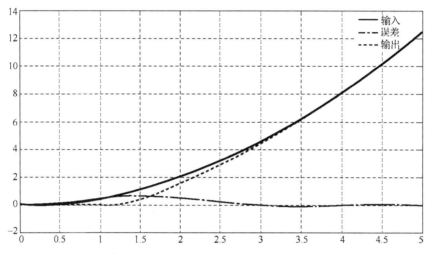

图 8-11　单位加速度信号输入时有纹波最少拍系统的仿真结果

3. 实验结果分析

由上述仿真结果图可知,按有纹波最少拍原理设计的闭环系统,在有限拍后进入稳态。这时闭环系统输出在采样时刻精确地跟踪输入信号,如单位阶跃信号在一拍后,单位速度信号在两拍后,单位加速度信号则在三拍之后。

然而,进一步分析可以发现,虽然在采样时刻系统输出与所跟踪的参考输入一致,但在两个采样时刻之间,系统的输出存在着纹波或振荡。这种纹波不仅影响系统的控制性能,产生过大的超调和持续振荡,而且还增加了系统功率损耗和机械磨损。因此,需要设计无纹波最少拍计算机控制系统。

4. 无纹波最小拍控制器的设计

问题描述:设图 8-5 中 $G_0(s) = \dfrac{10}{s(s+1)}$,$T = 1$。试确定系统在单位阶跃信号输入下的无纹波最少拍控制器,并分析仿真结果。

实验要求:

(1)参考本书的控制原理及设计过程,要有设计过程。

(2)有 Simulink 仿真框图和仿真结果图。

(3)有与有纹波系统的对比分析。

8.4.6　思考题

(1) 讨论实验步骤 4 是否可以设计在单位加速度信号输入时的无纹波控制器，为什么？

(2) 无纹波最小拍系统的调整时间比有纹波要增加若干拍，为什么？增加的拍数与 $G(z)$ 零极点特性有关系吗？

(3) 最少拍系统对输入形式的适应性差，有哪些方法可以克服当系统的输入形式改变，尤其存在随机扰动时，系统的性能变坏的问题？

8.4.7　拓展实验

试运用"阻尼因子法"设计适用于两种输入(单位阶跃/单位速度)下的最少拍控制器，通过仿真实验确定阻尼因子 c。

参考步骤：

(1) 按单位速度输入设计最少拍控制器($c = 0$)。

(2) 确定增加阻尼因子项后的闭环 Z 传递函数 $W_0(z) = \dfrac{(2-c)z^{-1} - z^{-2}}{1 - cz^{-1}}$。

(3) 选择不同的 c，考察系统对两种输入的响应，直到得到满意的动态特性。

8.5　纯滞后对象的 Dahlin 算法和 Smith 预估控制系统设计

8.5.1　实验目的

(1) 理解 Dahlin 算法和 Smith 预估控制用于滞后对象控制系统设计的基本工作原理。

(2) 了解热处理炉温控制对象的控制特点和控制要求，以此为基础进行 Dahlin 算法控制器设计，并与 PID 控制器进行控制效果对比。

(3) 理解 Smith 预估控制的工作原理，可运用 Matlab/Simulink 软件完成仿真分析。

(4) 培养学生掌握具有纯滞后特性系统控制器的设计、数据处理及分析专业问题的能力。

8.5.2　实验工具

(1) Matlab 软件(7.0 以上版本)；
(2) 计算机。

8.5.3　实验原理

设图 8-12 所示单回路控制系统中，$G(s) = G_0(s)\mathrm{e}^{-\tau s}$ 为具有滞后特征的被控对象，$D(z)$ 为所要设计的数字控制器，ZOH 为零阶保持器。

1. Dahlin 算法

设计一个合适的数字控制器，使整个闭环系统所期望的传递函数相当于一个纯滞后环节和一个惯性环节相串联，并期望整个闭环系统的纯滞后时间和被控对象 $G_0(s)$ 的纯滞后时间 q 相同。即

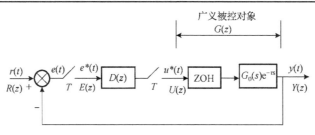

图 8-12　单回路温度控制系统

$$W(s) = \frac{1}{\tau s + 1} e^{-qs} = \frac{1}{\tau s + 1} e^{-NTs}$$

式中，τ 为闭环系统的时间常数；q 为纯滞后时间，$q = NT(N = 1, 2, \cdots)$。

则所设计的控制器为

$$D(z) = \frac{W(z)}{[1 - W(z)]G(z)}$$

式中，$G(z)$ 为广义对象的脉冲传递函数，$W(z)$ 为闭环系统脉冲传递函数。

2. Smith 预估控制的原理

引入与 $G(s) = G_0(s) e^{-\tau s}$ 并联的补偿环节，使得补偿以后的闭环系统特征方程中不包含纯滞后特性。这个补偿环节称为预估器，其传递函数为 $D_B(s) = G_0(s)(1 - e^{-\tau s})$，$\tau$ 为纯滞后时间。

8.5.4　实验内容

(1) 以具体含纯滞后环节的系统实例，完成 Dahlin 控制器和 Smith 预估器的设计。

(2) 完成 Dahlin 算法控制器的系统仿真。

(3) 完成 Smith 预估器的系统仿真。

8.5.5　实验步骤

1. Dahlin 控制器设计与仿真分析

假定温度系统被控对象为：$G_0(s) = \dfrac{e^{-0.76s}}{0.4s + 1}$，采样时间为 0.5s，期望的系统闭环传递函数为：$W_0(s) = \dfrac{e^{-0.76s}}{0.15s + 1}$，其中 $0.15s$ 为校正后闭环系统的时间常数。试运用 Matlab 软件使用 Dalin 算法及 PID 算法分别对上述一阶惯性纯滞后温度系统进行控制，并分析两种算法的优缺点。

为便于比较，程序设计时可取 $M = 1$ 时采用大林控制算法；$M = 2$ 时采用普通 PID 控制算法，PID 参数选取为 $K_P = 1.0, K_I = 0.50, K_D = 0.10$。

Matlab 参考程序注释及程序设计具体步骤如下，要求同学自己填写具体程序，做好实验前的准备工作。

(1) 求广义对象的脉冲传递函数 $G(z)$。

```
clear all;
close all;
```

```
clc;
ts=0.5;
%被控对象离散化为向量(vector)，得
den1 =[1.0000  -0.2865  0],
num1 =[ 0  0.4512  0.2623]
gs=tf([1],[0.4,1],'inputdelay',0.76);
dgz=c2d(gs,ts,'zoh')
[num1,den1]=tfdata(dgz,'v');
```

(2)求期望闭环系统脉冲传递函数 $W(z)$。

```
%闭环系统传递函数离散化
ws=tf([1],[0.15,1],'inputdelay',0.76);
dwz=c2d(ws,ts,'zoh');
```

(3)设计 Dahlin 控制算法。

%由公式 $D(z)=\dfrac{1}{G(z)}\cdot\dfrac{W(z)}{1-W(z)}$

```
den = [0  0.4512  0.2301  -0.3782  -0.2712  -0.0335  0.0016  0],
num =[0.7981  -0.0909  -0.0454  0.0017  0  0  0  0]
dz=1/dgz*dwz/(1-dwz);
[num,den]=tfdata(dz,'v');
%为各个状态变量设初值
      u_1=0.0;
      u_2=0.0;
      u_3=0.0;
      u_4=0.0;
      u_5=0.0;
      y_1=0.0;
      error_1=0.0;
      error_2=0.0;
      error_3=0.0;
      ei=0;
%设置循环次数
      for k=1:1:50
      time(k)=k*ts;

%输入阶跃信号
      rin(k)=1.0;
```
%由 $G(z)=\dfrac{Y(z)}{U(z)}$，yout(k)=-den1(2)*y_1+num1(2)*u_2+num1(3)*u_3;
```
      error(k)=rin(k)-yout(k);
```

(4)与普通 PID 控制进行比较。

```
%给出 M 的值
      M=1;
%M 为 1 时使用 Dahlin 算法，
```

```
    if M= =1
    u(k)=(num(1)*error(k)+num(2)*error_1+num(3)*error_2+num(4)
    *error_3-den(3)*u_1-den(4)*u_2-den(5)*u_3-den(6)*u_4-den(7)*u_5)
    /den(2);
```
%M 为 2 时使用普通 PID 算法，$K_P = 1.0, K_I = 0.50, K_D = 0.10$
```
    elseif M= =2
    ei=ei+error(k)*ts;
    u(k)=1.0*error(k) +0.50*ei +0.10*(error(k)-error_1);
    end
```
%返回 Dahlin 算法中的参数
```
    u_5=u_4;
    u_4=u_3;
    u_3=u_2;
    u_2=u_1;
    u_1=u(k);
    y_1=yout(k);
    error_3=error_2;
    error_2=error_1;
    error_1=error(k);
    end
```
%绘制阶跃响应曲线图
```
    plot(time,rin,'b',time,yout,'r');
    grid on
    xlabel('time(s)');ylabel('rin,yout');
```
%整个闭环离散化

2. 纯滞后对象的 Smith 预估控制器设计与仿真分析

(1) Smith 预估控制器设计。

假设被控对象为：$G(s) = \dfrac{e^{-80s}}{60s + 1}$

对上述对象进行 Smith 预估补偿控制器设计。其中 PI 控制器参数取为 $K_P = 4.0, K_I = 0.022$。假定预估模型精确，阶跃指令信号取 100。

(2) Smith 预估控制器的 Simulink 模型设计。参考程序如图 8-13 所示。

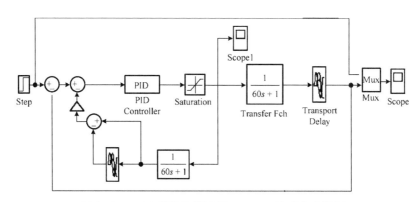

图 8-13　Smith 预估补偿控制 Simulink 仿真参考程序

根据图 8-13 系统，对采用 Smith 预估补偿和不采用 Smith 预估补偿的控制效果进行对比分析，参考结果如图 8-14 和图 8-15 所示。

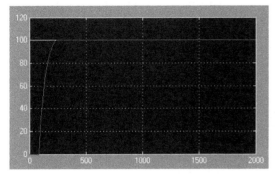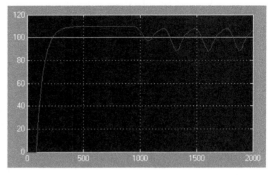

图 8-14　采用 Smith 补偿的阶跃响应　　　　　图 8-15　不采用 Smith 补偿的阶跃响应

(3) Smith 预估控制器的程序语言设计：请使用 Mablab 语言进行 Smith 预估控制系统的数字化仿真(选作)。

被控对象模型：$G(s) = \dfrac{e^{-80s}}{60s+1}$。$D(s)$ 采用 PI 控制器，其参数为：$K_p = 0.5$，$K_i = 0.010$。

程序要求：s 代表指令信号的类型：$s = 1$ 为阶跃响应，$s = 2$ 为方波响应。

M 代表三种情况下的仿真：$M = 1$ 为模型不精确；$M = 2$ 为模型精确；$M = 3$ 为采用 PI 控制。

8.5.6　思考题

(1) 使用 Dahlin 及 PID 算法分别对温度控制系统进行控制，各自有什么优缺点？

(2) 分别对其动态特性进行分析。

(3) Smith 预估控制算法中，模型精度对系统控制性能有没有影响？Smith 预估控制方法有什么优缺点？

8.6　模糊推理系统(FIS)的设计与仿真

8.6.1　实验目的

(1) 掌握 Matlab 模糊逻辑工具箱五个图形化系统设计工具的功能和特点。

(2) 能够运用 Matlab 模糊逻辑工具箱对模糊逻辑系统进行正确的参数设置。

(3) 加深模糊控制基本原理的理解，掌握根据实际系统模糊规则设计模糊推理系统(FIS)的方法建立与仿真方法。

(4) 掌握基于 Simulink 的模糊逻辑系统模块。

(5) 培养学生设计智能控制系统、非线性数据处理及分析专业问题的能力。

8.6.2　实验工具

(1) Matlab 软件(7.0 以上版本)；

(2) 计算机。

8.6.3　实验原理

如图 8-16 所示，模糊控制器由输入量模糊化接口、知识库、推理机、输出量清晰化接口组成。

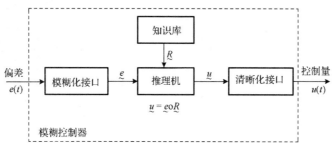

图 8-16　模糊控制器的组成

(1) 模糊化接口：将输入变量的精确值变为模糊量，可按模糊化等级进行模糊化。

(2) 知识库：知识库由数据库和规则库两部分组成。

数据库：存放所有输入输出变量全部模糊子集的隶属度矢量值，若论域为连续域，则为隶属度函数。

规则库：存放全部模糊控制规则，在推理时为"推理机"提供控制规则。

(3) 推理机：根据输入模糊量和知识库，完成模糊推理，并求解模糊关系方程，从而获得模糊控制量的功能部分。图 8-16 的 Zadeh 推理合成规则为

$$\underset{\sim}{u} = \underset{\sim}{e} \circ \underset{\sim}{R} = \underset{\sim}{e} \circ (\underset{\sim}{A} \times \underset{\sim}{B})$$

(4) 清晰化接口

将模糊决策所得到的输出(模糊量)，转换成精确量。可分为：

① 选择隶属度大的原则；

② 加权平均原则；

③ 中位数判决。

本实验介绍利用 Matlab 中的 Fuzzy Logic Toolbox 完成上述模糊控制器的设计。

8.6.4　实验内容

(1) 学习和使用 Matlab 模糊逻辑工具箱 Fuzzy Logic Toolbox 中模糊推理系统 FIS(Fuzzy Inference System)的五个编辑界面。

(2) 模糊化接口、知识库、推理机、输出量清晰化的设定和仿真。

(3) 以单水槽水箱液位控制系统为例，进行 FIS 设计，并封装为 Simulink 的 Fuzzy Logic Controller 模块，完成功能检验，为下次实验做好准备。

8.6.5　实验步骤

1. Matlab 模糊逻辑工具箱的基本使用

Matlab 软件提供了模糊工具箱 Fuzzy Logic Toolbox，如图 8-17 所示，主要由五个界面组成：FIS Editor(模糊推理编译器)；Membership Function Editor(隶属度函数编辑器)；Rule

Editor（模糊规则编辑器）；Rule Viewer（模糊规则浏览器）；Surface Viewer（模糊推理输入输出曲面视图）。

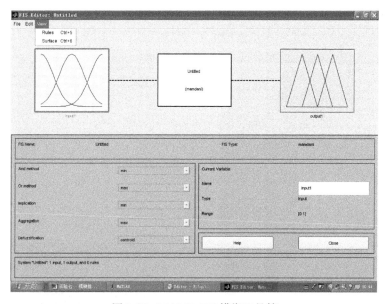

图 8-17　MAMDANI 模糊工具箱

1) 模糊推理编译器 FIS（Fuzzy Inference System）

在 Matlab 命令窗口中输入：fuzzy，激活 FIS Editor。

FIS Editor 用于建立模糊逻辑系统的整体框架，包括输入与输出数目、去模糊化方法等。

MATLAB 提供两个逻辑推理 MAMDANI 和 SUGENO 方法，如图 8-17 和图 8-18 所示。

图 8-17 窗口左下方的五种算法分别是：And method（"与"算法）；Or method（"或"算法）；Implication（蕴涵算法）；Aggregation（综合）；Deffuzification（清晰化）。

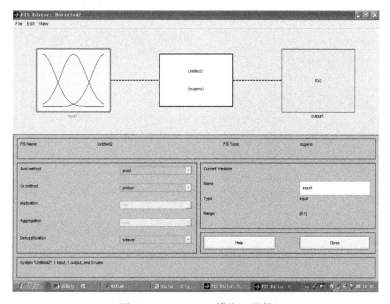

图 8-18　SUGENO 模糊工具箱

编辑 FIS 维数：在添加变量时可 Edit—Add Variable—Output。

2) 模糊化(隶属度编辑器)接口设计

双击任意输入与输出模块，打开如图 8-19 所示的隶属度函数编辑器(Membership Function Editor)。

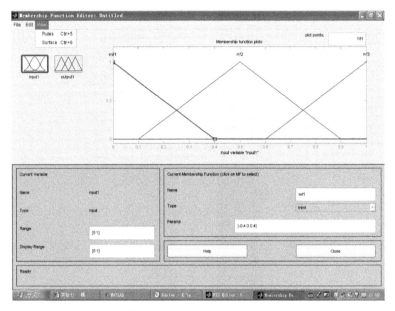

图 8-19　隶属度函数编辑器

3) 模糊规则编辑器

选择 Edit-Rules，可编辑模糊规则，如图 8-20 所示。

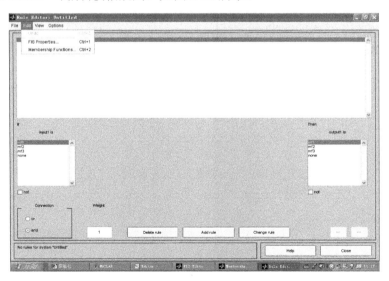

图 8-20　模糊规则编辑器

2. 单水槽水箱液位控制模糊推理系统设计及仿真实例

某个液体控制系统的液体容器中，由于液体的流出量变化不能确定，无法建立线性模型。

只能通过控制进液阀门开度来调节液位，使容器的液位保持恒定。根据操作人员积累的操作经验，可归纳液位保持一定高度的几条模糊规则如下：

① 如果液位正好，阀门开度不变；
② 如果液位偏低，阀门增大开度；
③ 如果液位偏高，阀门减小开度；
④ 如果液位正好而进液流速慢，阀门逐渐增大开度；
⑤ 如果液位正好而进液流速快，阀门逐渐减小开度。

根据上述模糊规则，编辑模糊控制器。实验步骤如下。

(1) 模糊推理编译器的算法设置，如图 8-21 所示。

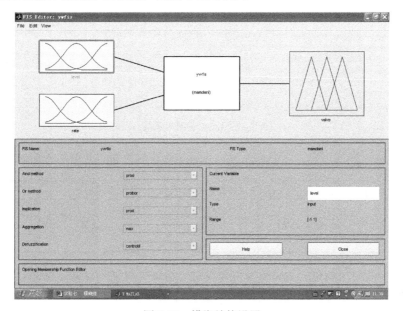

图 8-21　模糊结构设置

输入变量：level（液位）和 rate（进液流速）；
输出变量：valve（阀门开度）；
选择参数：
And method：prod（MAMDANI 与运算）；
Or method：prodor（MAMDANI 或运算）；
Implication：prod（MAMDANI 蕴涵算法）；
Aggregation：max（MAMDANI 综合）；
Duzzification：centroid（清晰化法 CENTROID）。

(2) 隶属度编辑器参数设置，如表 8-1～表 8-3 所示，对应编辑器界面如图 8-22～图 8-25 所示。

表 8-1　level 隶属度

变量名称	论域	各模糊子集定义	函数类型	函数拐点
输入变量 level	[−1, 1]	high	高斯型	[0.3 −1]
		okay		[0.3 0]
		low		[0.3 1]

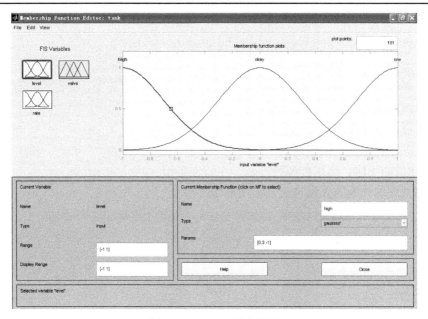

图 8-22　level 隶属度设置

表 8-2　rate 隶属度

变量名称	论域	各模糊子集定义	函数类型	函数拐点
输入变量 rate	[−0.1, 0.1]	negative	高斯型	[0.03 −0.1]
		none		[0.03 0]
		positive		[0.03 0.1]

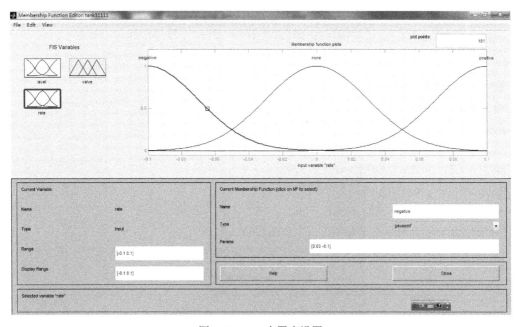

图 8-23　rate 隶属度设置

表 8-3　valve 隶属度

变量名称	论域	各模糊子集定义	函数类型	函数拐点
输入变量 valve	[−1, 1]	close_fast	三角线型	[−1 −0.9 −0.8]
		close_slow		[−0.6 −0.5 −0.4]
		no_change		[−0.1 0 0.1]
		open_slow		[0.2 0.3 0.4]
		open_fast		[0.8 0.9 1]

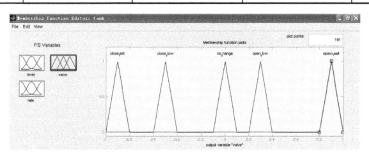

图 8-24　valve 隶属度设置

(3) Rule Editor(模糊规则编辑器)的设计。

图 8-25　推理机设定

(4) 保存 tank.fis 到 Disk 或 Workspace。

(5) Rule Viewer——输入/输出清晰化关系图示。

选择 View—Rules,打开 Rule Viewer,如图 8-26 所示。

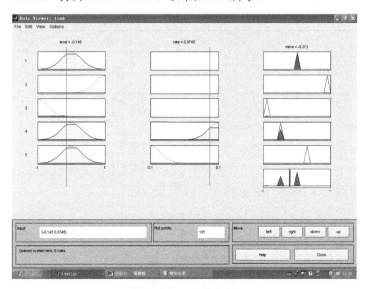

图 8-26　清晰化界面

(6) Surface Viewer——输入/输出论域关系图图示。

选择 View—Surface，打开 Surface Viewer，如图 8-27 所示。

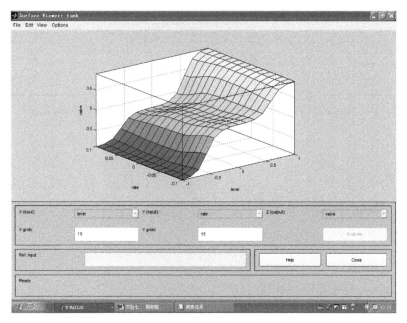

图 8-27　清晰化输出变化图

(7) FIS 在 Simulink 中的封装。

将 FIS 文件嵌入工作空间：File—Export—To Workspace。

将 FIS 结构嵌入 Fuzzy Logic Controller：

① 建立*.mdl 文件；

② 拖动 Fuzzy Logic Controller 模块，如图 8-28 所示；

③ 右击图标模糊控制模块，选择 Look under mask，得到模块如图 8-29 所示。

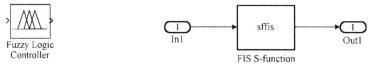

图 8-28　模糊控制模块　　　　　　　　图 8-29　封装模块

(8) tank.fis 嵌入 Fuzzy Logic Controller 模块。

① 双击上述图 8-28 图标；

② 在 FIS File and Structure 输入"tank"，然后单击 OK，运行后图 8-29 转化为图 8-30，即完成 tank 模块的封装，为下次实验调用做好准备。

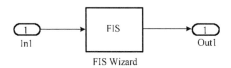

图 8-30　已封装模块

(9) FIS 模型验证。

参考图 8-31 搭建 Simulink 模块及参数设置, 并将 valve 模块的输出格式设置为数组 Array, 检验图 8-30 所设计的 tank 模块推理机功能的准确性。用如下两种方式对比进行检验。

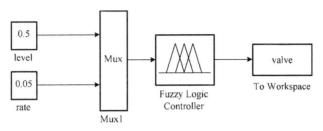

图 8-31 模块验证

① 在 Matlab 的 Workspace 中, 双击模糊控制器的输出清晰化量 valve, 查看数组数值结果;

② 从 FIS 中选择 View—Rules, 打开 Rule Viewer, 从 input 输入窗口, 写入[0.5 0.05]值, 查看输出量 valve 的清晰化量数值, 如图 8-32 所示。

注意: Simulink 模型运行前, 选择 Simulation—Configuration Parameters, 单击左侧 Optimization 选项, 取消勾选 Block reduction 和 Implement logic signals as Boolean data(vs. double)两项, 以保证结果正确。

③ 验证结果: 如果①和②步的结果一致, 说明上述设计的 Fuzzy Logic Controller 模块的规则功能正确, 并已封装完成。

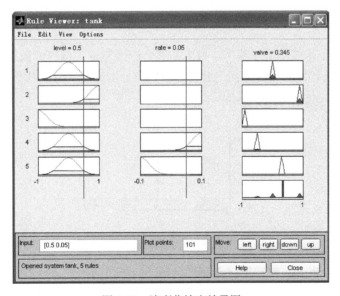

图 8-32 清晰化输出结果图

(10) 完成功能检验后, 保存好 Fuzzy Logic Controller 模块, 为下次试验做好准备。

8.6.6 思考题

(1) 模糊逻辑控制(Fuzzy Logic Control)实质上是线性控制, 还是非线性控制? 怎样表达其控制律(控制规则)?

（2）确定隶属函数的数量和类型时，若模糊子集为{负大，负小，零，正大，正小}，则需要确定几个隶属函数，其类型一般根据什么来选取？

（3）为什么在运行模糊控制系统仿真模型前，要先读入*.fis 文件？

8.7　基于实际水箱的液位模糊控制系统设计

8.7.1　实验目的

（1）熟练应用 Matlab 模糊逻辑工具箱。

（2）理解单水槽水位控制机理及其非线性动态模型的建立。

（3）在 8.6 节模糊控制器 FIS 函数设计实验的基础上，掌握基于模糊控制器的单水槽水位控制系统的设计及 Simulink 建模方法。

（4）完成单水槽模糊控制系统和传统 PID 控制系统的仿真测试与分析。

（5）培养学生设计智能控制系统、非线性数据处理及分析专业问题的能力。

8.7.2　实验工具

（1）Matlab 软件（7.0 以上版本）；

（2）计算机。

8.7.3　实验原理

图 8-33 所示为单水槽动力学模型，槽底的液体流出速度由槽内的液压决定。其中，A 为蓄水槽的表面区域；V 为水槽的容积；A_e 为水槽出口处的连通部分；P_1 为槽底的液压。

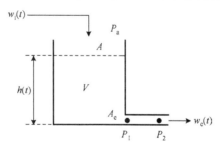

图 8-33　单水槽动力模型

液体的输出压强为 P_a，系统的状态变量包括槽内液体的高度。设系统的输入为输入液体的速率 ω_i，输出为液体流出的速率 ω_e。根据系统的物质平衡原理，可得

$$\frac{\mathrm{d}}{\mathrm{d}t}m = \omega_i - \omega_e$$

由于整个系统不存在能量或物质的滞留，而且忽略内部能量的变化，则根据能量守恒原理得到槽底的液体流出速度为

$$v_e = \sqrt{2gh}$$

整理方程得到

$$\rho A \frac{\mathrm{d}}{\mathrm{d}t} h = -\rho A_{\mathrm{e}} \sqrt{2gh} + \omega_{\mathrm{i}}$$

显然该系统的数学模型是一阶非线性微分方程。槽内液体质量的瞬时变化等于输入的液体速率减去输出的液体速率。

8.7.4　实验内容

(1) 设计单水槽液位模糊控制系统，分析控制量及系统输出量的控制效果。

(2) 设计单水槽 PID 控制系统，分析控制量及系统输出量的控制效果。

(3) 通过 Simulink 仿真实验曲线，分析模糊与 PID 控制系统的控制效果。

8.7.5　实验步骤

1. 单水槽模糊控制系统 Simulink 模型设计（图 8-34）

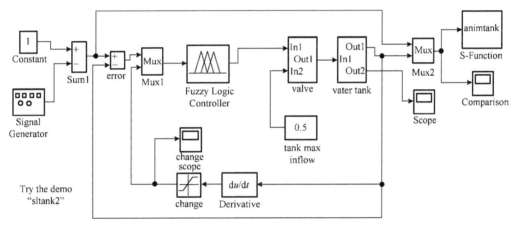

图 8-34　模糊控制系统 Simulink 模型设计

1) 参数的设置

A（inarea）=1；

A_{e}（outletarea）=0.05；

液面高度 h=0.5~1.5；

2) 系统输入设置（图 8-35）

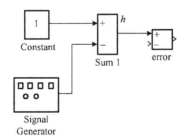

图 8-35　系统输入模块

输入信号：方波幅值 0.5，频率 1Hz。

3) 反馈微分回路

反馈信号设置：信号范围为–0.1～0.1，如图 8-36 反馈模块。

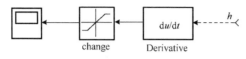

图 8-36 反馈模块

4) 模糊控制器

（1）输入量：

第一输入量的论域（液位高度）：[–1, 1]；

第二输入量的论域（液位高度率）：[–0.1, 0.1]

（2）输出量：

输出量 u（阀门开度率）的论域：[–1, 1]

5) 阀门（valve）及流量模块（图 8-37）

流入水槽的水量=阀门开度×流速；

流速=0.5；

阀门开度处值=0.5；

阀门开度= $\int u \mathrm{d}t$ 。

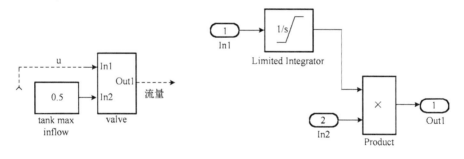

(a) valve流量模块　　　　(b) valve开度模块

图 8-37 阀门（valve）流量模块

注：阀门开度范围为 0～1

流量与液位高度（water level）之间的模型 water tank，如图 8-38 所示。

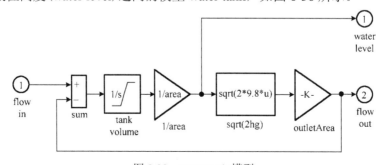

图 8-38 water tank 模型

A=area=1；

A_e=outletarea=0.05；

液面初始高度=Initial height=0.5；

积分上下限为 0～1.5；积分初值为 0.5。

6）仿真分析

控制器输入量仿真，如图 8-39 所示。

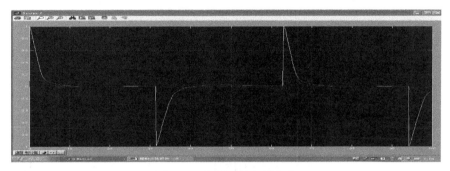

图 8-39　控制器输入量仿真

控制器输出量仿真，如图 8-40 所示。

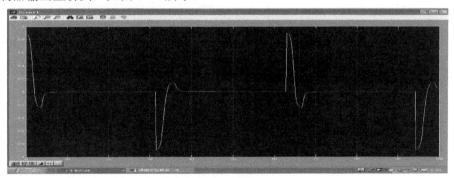

图 8-40　控制器输出量仿真

系统输入、输出量仿真，如图 8-41 所示。

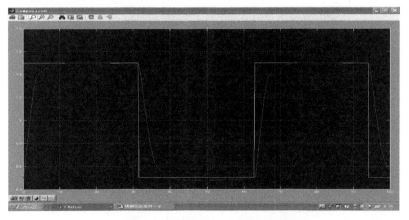

图 8-41　系统输入、输出量仿真

2. PID 控制系统 Simulink 仿真设计与分析

(1)PID 控制器设计，如图 8-42 所示。

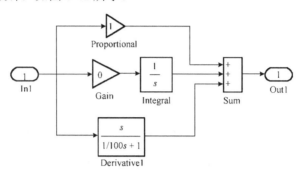

图 8-42　PID 控制器模块

(2)PID 系统 Simulink 模型搭建，如图 8-43 所示。

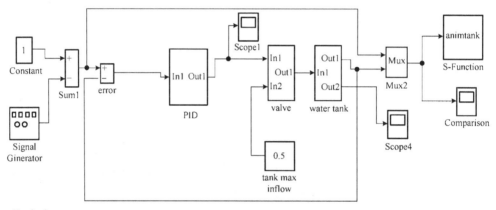

图 8-43　PID 控制系统模型

(3) 控制器输入，如图 8-44 所示。

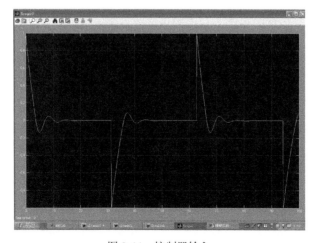

图 8-44　控制器输入

(4)控制器输出，如图 8-45 所示。

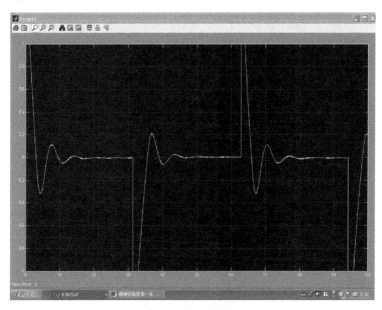

图 8-45　控制器输出

(5)系统输入、输出量仿真，如图 8-46 所示。

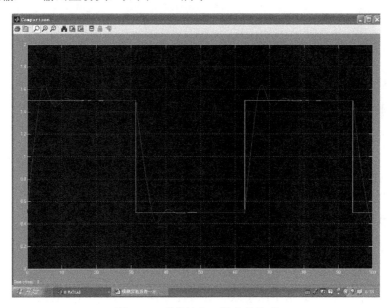

图 8-46　系统输入、输出量仿真

8.7.6　思考题

(1)本实验中，模糊控制器是怎样实现单水槽水位高度的自动控制的？模糊控制的本质是基于模型的控制吗？

(2)通过比较模糊控制与传统 PID 控制的仿真实验效果，模糊控制有什么优越性？

8.8 基于组态软件的锅炉液位监控系统设计

8.8.1 实验目的

(1) 了解计算机控制系统应用程序的基本设计方法。

(2) 理解商业化组态软件的工作原理、功能特点和使用方法。

(3) 基于易控(INSPEC)组态软件设计一个锅炉液位监控系统，要求显示出锅炉内液位的自动控制过程。

(4) 条件许可情况下，根据设计系统的实际控制要求，熟练运用 I/O 板卡连接实物控制对象，实现水箱液位控制系统的实时监控。

(5) 培养学生借助工业控制组态(Configure)软件完成对实际工程对象进行监控系统设计及分析专业问题的能力。

8.8.2 实验工具

(1) 易控(INSPEC)2009 软件(含计算机)；

(2) 双容水箱实验装置(可选)。

8.8.3 实验原理

工业蒸汽锅炉汽包水位控制的任务是控制给水流量使其与蒸发量保持动态平衡，维持汽包水位在工艺允许的范围内，是保证锅炉安全生产运行的必要条件，也是锅炉正常生产运行的主要指标之一。

设本次实验所用锅炉水箱共有 1 个进水阀，1 个出水阀，2 个调节阀门。当水箱液位较高时，进水阀关，出水阀开，水箱放水，水位降低；当水箱液位较低时，进水阀开，水位上升。因此，锅炉水箱液位高度控制是典型的非线性系统。

本实验使用北京九思易自动化软件有限公司易控(INSPEC)2009 组态软件，设计一个实际锅炉水箱液位模拟控制系统，以实现其液位运行工况的监控目的。

8.8.4 实验内容

(1) 以火灾报警系统监控界面设计为例，学习易控(INSPEC)2009 组态软件的基本设计方法。

(2) 根据实际需求，设计基于组态软件具备控制操作和显示功能的锅炉水箱液位监控系统。要求有控制方式(输入按钮、数据窗口等)和输出方式显示(曲线、数据、报警等)功能。

(3) 本实验不需连接现场硬件设备，可以用运行时间或其他默认变量模拟输入信号。

8.8.5 实验步骤

1. 组态软件基本结构的认识

工业控制组态软件，又称组态监控软件，是面向自动化系统的通用数据采集和监控的商业化专用软件。其主要功能是连接不同的控制系统，实现与它们的通信和数据交换，以图形的方式直观地显示控制系统中的数据，并对数据进行报警、记录等数据管理功能。

组态软件一般包含开发环境和运行环境，两者的关系如图 8-47 所示。

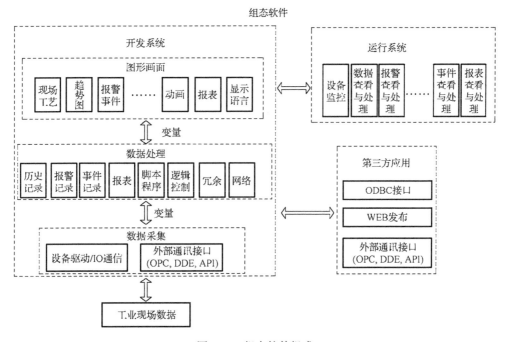

图 8-47　组态软件组成

图 8-48 为易控（INSPEC）2009 软件开发环境主界面。可以看到，这是一个典型的三列式界面，标题栏下方是工具栏和主界面，主界面左侧是图库，右侧是工程内容（以树状图显示），中间是重点操作的位置，最下方则是状态栏。

图 8-48　易控开发环境主界面

2. 组态软件的基本设计方法

在图 8-48 中，单击主界面中的"新建"按钮，会出现如图 8-49 所示界面，修改文件名和存储地址后，则可以对一个新的工程进行设计。一个工程为一次设计的对象集合，它包括了所有的图形界面、数据处理和数据采集。

新建好工程以后，主界面发生的变化有：在起始页下方出现名为刚刚命名的工程，同时右侧工程内容里出现如图 8-50 所示的变化。

图 8-49　新建工程界面

图 8-50　工程内容

右击选择工程下相应的内容，即可对工程的相应内容进行编辑。

最简单的演示设计系统必须设计的内容包括：变量、画面和用户程序。实际组态时还需要与下位机通信，需要在"I/O 通信"进行相应选择。

下面以"火灾报警系统"为例，介绍新建"画面"的生成。

"画面"是编辑交互界面的窗口，可以自行设计多个界面。在交互界面里，很多状态需要由特定信号触发，如"火灾报警系统"的现场报警器触发时，会给组态软件一个数字量(开关量)输入信号，设计画面时应该根据这个信号触发相应的状态变化(如灯闪烁、蜂鸣、开灭火器等)。此时，这个信号即为一个变量，需要在"变量"里进行设定，并在"画面"中的相应部位设计相应内容，也可选择触发变量的状态(如高电平触发或计数触发等)。如设计时，在"画面"中选择需要设计的模块，如图 8-51 所示。

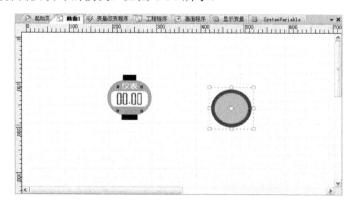

图 8-51　"火灾报警系统"新建画面

此时屏幕右下方的窗口变化如图 8-52 所示。

如果希望选择的指示灯在系统运行 5s 后变亮，那么选择"动画"选项卡，找到最下方的"子图形动画"，单击"灯色—填充"后的栏目，再单击将此按钮截图放于此，出现如图 8-52 所示界面。"属性"选项卡里可以对显示内容进行相应选择，仪表类控件主要在这里操作；"事件"选项卡可以进行跳转、弹窗等触发的状态，按钮类控件主要在这里操作。

在图 8-53 图所示界面中，上方白色框内是必须编辑的内容，下方白色框内是指示灯的变化状态，含义为当表达式的值为负无穷时，显示白色；当表达式为假时，显示红色；当表达式为真时，显示绿色。更改表达式的方法可以直接指定触发变量，也可以单击后方按钮，从变量表里选择。

图 8-52　画面设计的窗口

图 8-53　填充动画设计界面

打开变量表后的情况如图 8-54 所示。找到"SystemVariable"名下的"RunningTime"变量，这是一个类型为实数并且连续的变量。

图 8-54　选择变量表

选好后单击"确定"按钮回到设计界面，自行在变量后添加条件">5"，单击"确定"按钮则完成设计。

注意：这个例子里设计的触发变量为系统本身的变量，实际中更多的变量是由设计者自己设计的变量触发的，因此需要在"变量"下新建相应变量。一般来说，对于一个系统至少有输入、输出和系统状态三种变量类型，可以按照相应类型建立多个变量表，在表内新建各个具体的变量，这样方便设计界面时查找需要的变量。

设计完成后，需要在"用户程序"下的"画面程序"中，选择"新建"，单击"画面名称"，再单击省略号按钮选择设计好的界面。如果设计了多个界面，则所有界面都要添加进"画面程序"。

所有的操作完成后，单击工具栏里的"编译"按钮或绿色三角执行按钮进行编译。此后就可以运行了。系统可以在运行环境下运行，也可以通过单击"执行运行"运行。在设计过程中，建议每完成一步操作就保存一次。

说明：对于图 8-49 所示火灾报警器(烟气、温度、红外等)，由于只能对一定范围的火灾进行检测，所以对于大型厂房、楼宇等应当布置多个火灾报警器，可以制作一个厂房或楼宇的示意图，并且在火灾报警器的位置处用指示灯表示是否报警(需要设计事件和动画)，再用一个仪器显示温度。

3. 锅炉液位控制系统监控界面设计示例

1)实验步骤

(1)监控界面设计。按照图 8-55 和图 8-56，新建两个画面，名称依次为"锅炉水箱液位监控系统界面"和"报警记录二极界面"，完成相应的界面设计。用到的图形从上到下依次为：

"主页"("图库"→"图标·界面"→"主页 2")；

"注意"("图库"→"图标·界面"→"注意 1")；

"退出"("图库"→"图标·界面"→"退出")；

"文本"("图形"→"常用"→"文本")；

"水槽"("图库"→"管阀·容器"→"水槽")；

"泵"("图库"→"电机·泵扇"→"泵 16")；

"动力阀"("图库"→"管阀·容器"→"动力阀 3")；

"文本"("图形"→"常用"→"矩形")；

"水箱"("图库"→"管阀·容器"→"立罐 10")；

"实时曲线"("图形"→"图表曲线"→"实时趋势曲线")；

"报警窗口"("图形"→"图表曲线"→"报警窗")；

(报警窗口显示栏目修改步骤为"属性"→"显示格式"→选择需要的栏目)。

(2)变量定义。新建一组系统变量，组名为"水箱"，变量为"水位""进水阀门""出水阀门"，"水位"类型为"整数"，初始值为 0，变量最小值为 0，最大值为 100，"进水阀门"类型为"开关"，初始值为 Ture，"出水阀门"类型为"开关"，初始值为 False。

(3)报警设计。在工程窗口，找到"报警"→"报警变量"，双击打开。在新打开的窗口下新建 1 个变量，变量名为"水箱_水位"，数据变量选为"水箱.水位"，在"报警配置"里，选中"越限报警"部分的"低"和"高"复选框，设置低越限报警阈值为 10，高越限报警阈值为 75。找到"历史记录"，双击"记录变量"，新建"水箱_水位"，变量为"水箱.水位"，定时记录，1 秒。

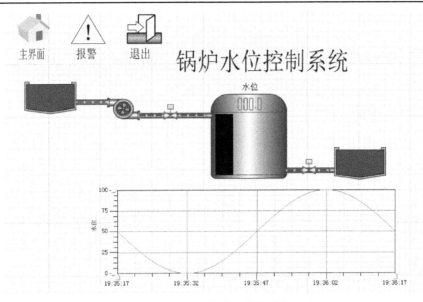

图 8-55 锅炉水箱液位监控系统界面

图 8-56 报警记录二级界面

(4)在 I/O 通信部分新建一个虚拟设备，默认命名为"虚拟设备 1"。双击打开名为 "虚拟设备"的窗口，新建 6 个寄存器类型为 Random 的寄存器，数据类型都为"整型"，依次选择数据库变量为"水箱_水位 1"～"水箱_水位 5"和"水箱_电泵手动控制输入"，设计所有寄存器查询周期为"1000"，这样就设计有如下功能的系统(上位机)：每 1s 从虚拟设备中读取 6 个整型数据，分别存储到对应的数据库变量名下。

(5)动画设计。选中泵，左侧动力阀"动画"，"子动画图形"表达式为"水箱.进水阀门"，0 时白色，1 时蓝色。右侧动力阀同左侧动力阀。水位显示"属性"，显示值为"水箱.水位"，小数位数 1，总位数 4。矩形，"动画"，百分比填充，向上，蓝色。

(6)程序设计。找到"用户程序"，双击"画面程序"，画面名称"水位监测"，程序如下：

```
if （水箱.出水阀门==0)
{
     if(水箱.水位>=0&&水箱.水位<=80)
     {
           //水箱.进水阀门=0;
           水箱.水位=水箱.水位++;
     }
     if(水箱.水位>80&&水箱.水位<=100)
     {
           水箱.出水阀门=1;
     }
}
if(水箱.出水阀门==1)
{
     水箱.水位=水箱.水位-2;
     if(水箱.水位<20&&水箱.水位>0)
     {
           水箱.出水阀门=0;
     }
}
```

执行方式：存在期间，时间间隔，300ms。

(7)界面的切换与退出。设置主界面，报警，退出按钮。在画面中选择主界面按钮，找到"事件"→"键按下"，在打开的窗口里输入"Grp.Open（"水位监测"）;"，在画面中选择"报警"按钮，找到"事件"→"键按下"，在打开的窗口里输入"Grp.Open（"报警窗口"）;"，选择"退出"按钮，找到"事件"→"键按下"，在打开的窗口里输入"Project.Exit();"，在两个画面中都执行此操作。

(8)保存，编辑，执行。

2)实验结果

按上述步骤得到的锅炉水箱液位监控系统界面如图8-55所示。

8.8.6　思考题

(1)为什么组态软件可以设计出直观的工业监控界面？一般来说，组态软件可以实现哪些功能？

(2)如果监控软件通过 I/O 接口连接现场硬件设备，通过模拟或实际参数作为输入信号，应设计什么类型的动态链接程序，才能保证监控画面对硬件设备的实时监控？

(3)组态软件与其他开发软件(如 VB、C)相比，有什么优越性？组态软件有哪些最新发展趋势？

(4)拓展试验：鼓励学生在研究性教学环节当中，通过自己设计方案并搭接电机转速控制、流量控制等硬件设备以构成一个实际闭环数字控制系统。通过组态软件，实现工作过程的远程监控。

第9章 PLC 控制系统

本课程为测控技术与仪器专业的限选课程，授课对象是测控专业的本科生。主要任务是了解并熟练运用可编程控制器(Programmable Logic Controller，PLC)进行控制系统的设计。要了解 PLC 的主要特点，掌握 PLC 的工作原理、应用范围和应用环境等，结合常见的控制元件和对象，培养学生设计、安装、调试、运行 PLC 控制系统等过程，锻炼学生以 PLC 为核心的控制系统的设计与实现能力。本课程是一门实践性较强的课程，强调技术应用和动手能力的锻炼。通过加强实践环节，着重培养学生的书本知识与实践结合的能力，使学生在面对实际问题时，能够站在系统的角度来思考和开展设计，为后续课程、毕业设计及将来参加实际工作奠定基础。

本章主要介绍"PLC 控制系统"课程的 5 个 PLC 实验，分别为 PLC 的结构和使用、汽车自动清洗系统设计、十字路口交通信号灯控制、PLC 与 PC 串口通信、步进电机定位运行控制。

9.1 PLC 的结构和使用

9.1.1 实验目的

(1)掌握 PLC 的硬件配置和使用。

(2)掌握 PLC 编程软件(STEP 7 Micro/WIN)的使用方法。

(3)掌握 PLC 简单编程的实现。

(4)使同学更深刻地理解 PLC 的编程思想来源与继电器控制系统，培养和延展同学的测控系统软硬件开发能力。

9.1.2 实验设备

(1)Siemens S7-200 PLC 一台；

(2)微机一台；

(3)PLC 编程软件包(STEP 7 Micro/WIN)一个。

9.1.3 实验内容

1)学习 PLC 硬件

观察 Siemens S7-200 PLC 的组成，弄清其基本组件的功能；掌握输入输出的连接方式、I/O 点地址的定义。

S7-200 PLC 将一个微处理器、一个集成电源和数字量 I/O 点集成在一个紧凑的封装中，从而形成了一个功能强大的微型 PLC，参见图 9-1。

状态显示指示灯用于显示 CPU 所处的工作状态，共有三个指示灯：SF(系统错误)指示灯、RUN（运行）指示灯、STOP（停止）指示灯；存储器卡插槽可以插入 EEPROM 卡、时钟卡和电池卡；通信口可以连接 RS485 总线的通信电缆。前盖下面有运行、停止、监控开关和接口模块插座；将开关拨向停止位置时，PLC 处于停止状态，此时可以对其编写程序；将开关拨向运行位置时，PLC 处于运行状态，此时可以对其进行调试，不可以对其进行程序的编写；将开关拨向监控状态，在运行程序的同时还可以监视程序运行的的状态；接口插座用于连接扩展模块，实现 I/O 扩展。顶部端子盖下面为输入端子和 PLC 供电电源端子，输出端子的状态可以由底部端子的上方一排指示灯显示，ON 状态对应指示灯亮。底部端子盖下边为输入端子和传感器电源端子，输入端子的运行状态可以由底部端子上方的一排指示灯显示，ON 状态对应的指示灯亮。输入、输出端子的连接如图 9-2 所示。PPI 电缆连接如图 9-3 所示。

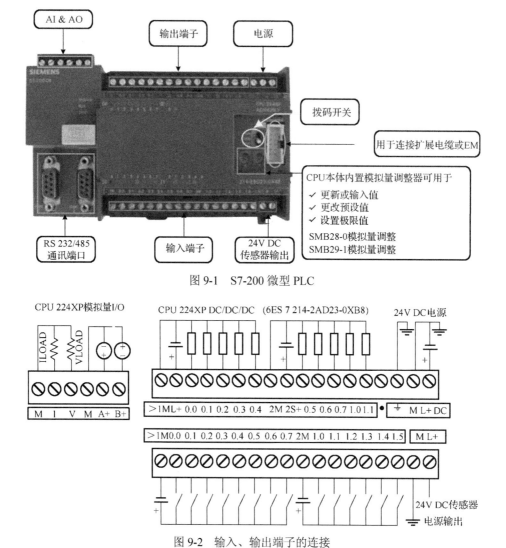

图 9-1　S7-200 微型 PLC

图 9-2　输入、输出端子的连接

　　PLC 的 CPU 存储器分为系统程序存储器和用户程序存储器。系统程序相当于个人计算机的操作系统，由生产厂家设计并固化在 ROM（只读存储器）中，用户不能读取。用户程序存储器分为 RAM（随机存取存储器）、EEPROM（可电擦除可编程的只读存储器）。PLC 的用户程序通过编程器或安装在计算机上的编程软件来编制并传送到 CPU 模块的存储器中。I/O 模块除了具有传递信号的功能外，还有电平转换和隔离的作用。

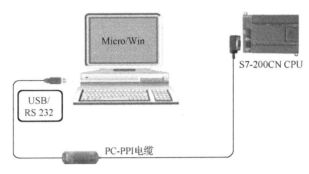

图 9-3　PPI 电缆连接图

S7-200 分为 AC220V 电源型和 DC24V 电源型两种，内部的开关电源为各种模块提供不同电压等级的直流电源，同时 PLC 还可以为输入电路和外部电子传感器提供 DC24V 电源。

S7-200 PLC 主要有 2～7 种扩展单元，用于扩展 I/O 点数和完成某些特殊功能的控制。主要包括数字量 I/O 模块、模拟量 I/O 模块、通信模块、特殊功能模块等几类。

2) PLC 编程软件 STEP 7 Micro/WIN

熟悉 PLC 编程软件 STEP 7 Micro/WIN，可通过编制一段程序输入微机，来熟悉程序的编辑、下载、调试和监控。可通过如下例子(图 9-4)，搞清楚几个问题。

(1)输入输出的定义(程序和 PLC 的对应)。

(2)程序的输入方法和下载、运行的过程。

(3)根据实际程序的运行结果，对输入输出的逻辑关系进行分析。

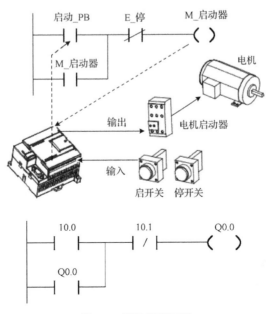

图 9-4　简单程序示例

问题 1：如果在按下启动开关 3s 后，才让电机旋转，直到按下停止按钮，电机才停止旋转。如何编程呢？（图 9-5）

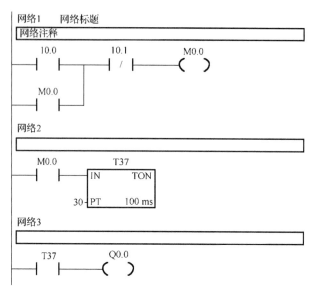

图 9-5　问题 1 程序

问题 2：如图 9-6 所示，如果在按下启动开关后，电机立刻旋转，但旋转 10s 后或者是按停止开关后，电机停止旋转。又如何编程呢？

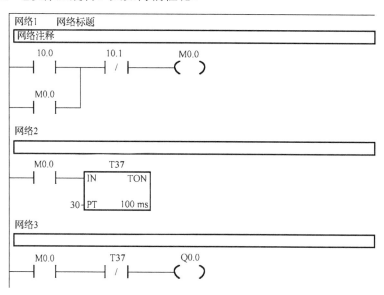

图 9-6　问题 2 程序

3) 学习简单程序的编制

任务：如图 9-7 所示，要以 A_1、A_2 控制箱体的液位。

假定起初的水位为超过最大值 H_{max}，此时 A_1 关闭，A_2 打开。

当液位下降到最低值 H_{min}，关闭 A_2，打开 A_1。

当液位上升到最大值 H_{max}，就将入口门 A_1 关闭，A_2 打开。
以此类推。

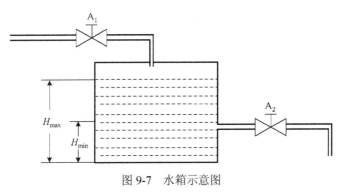

图 9-7　水箱示意图

9.1.4　实验要求

必须搞清 PLC 的系统组成，掌握输入输出的连接方式和 I/O 点地址的定义。
学会简单程序的编制、输入、下装、调试及硬件的连接等。

9.1.5　思考题

(1)书写预习报告，完成实验内容的 1)、2)。
(2)结合实验过程程序的调试，完成实验报告，书写完整的实验报告。
(3)为什么通常的启动按钮接常开触点，而停止按钮接常闭触点？

9.2　汽车自动清洗系统设计

9.2.1　实验目的

(1)掌握简单 PLC 程序的编制方法。
(2)熟悉自锁程序编程的思路，掌握定时器编程要点和注意事项。
(3)进一步熟悉 PLC 控制的实现过程，加深对 PLC 的理解。
(4)培养学生运用所学理论和技能解决专业问题的能力。

9.2.2　实验设备

(1)S7-200 Siemens PLC 一台；
(2)微机一台；
(3)STEP 7 Micro/WIN 软件包一个。

9.2.3　实验内容

一台汽车自动清洗机的动作程序按以下要求进行。
(1)当按下启动按钮时，打开喷淋阀门，同时清洗机传送带开始移动汽车。

(2)当检测到汽车到达刷洗距离时，停止传送带工作，启动第一旋转刷子开始刷洗汽车轮子，延时 2s 后，停止第一旋转刷子，启动传送带工作。

(3)延时 5s 后，停止喷淋，停止传送带工作，启动第二旋转刷子开始刷洗汽车的前部。

(4)延时 5s 后，停止第二旋转刷子，启动第三旋转刷子开始刷洗汽车的顶部。

(5)延时 5s 后，停止第三旋转刷子，启动传送带工作。

(6)延时 2s 后，停止传送带工作，启动第二旋转刷子刷洗汽车的后部。

(7)延时 5s 后，停止第二旋转刷子，同时打开暖风，进行烘干。

(8)延时 10s 后，停止烘干，启动传送带工作，当检测到汽车离开，停止传送带工作。

(9)当按下停止开关时，任何时候都可以停止所有的动作。

(10)结束。

9.2.4　实验要求

(1)根据控制系统要求画出信号输入输出的时序图。

(2)确定 I/O 点数，画出 I/O 和所用元件分配表。

(3)绘制控制流程图，并绘制梯形图，编制 PLC 程序。

(4)上机调试，直至完成控制要求。

9.2.5　思考题

(1)书写预习报告，完成实验要求(1)、(2)、(3)。

(2)如果程序可以循环使用即重新给启动信号还可以顺序执行吗？如果不可以，如何修改呢？

(3)书写调试后的结果正确程序，完成实验报告及实验心得。

9.3　十字路口交通信号灯控制

9.3.1　实验目的

(1)进一步掌握 PLC 的输入输出电路的连接。

(2)进一步掌握 PLC 编程软件(STEP 7 Micro/WIN)的使用方法。

(3)进一步掌握 PLC 编程的实现。

(4)培养学生运用所学理论和技能解决专业问题的能力。

9.3.2　实验设备

(1)S7-200 Siemens PLC 一台；

(2)微机一台；

(3)PLC 编程软件包(STEP 7 Micro/WIN)一个。

9.3.3　实验内容

如图 9-8 所示的交叉路口红绿灯，按步骤完成下面的控制任务(图 9-9)，南北和东西向交通信号灯按时间方式控制，控制要求如表 9-1 所示，完成设计和程序。

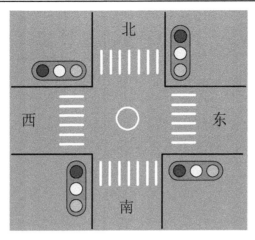

图 9-8　交叉路口交通信号灯示意图

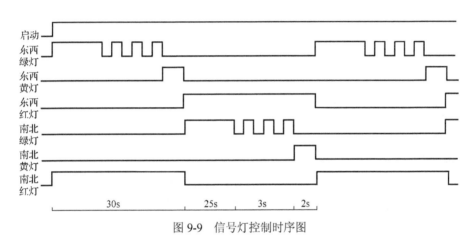

图 9-9　信号灯控制时序图

表 9-1　交通灯控制要求

东西	信号	绿灯亮	绿灯闪	黄灯亮	红灯亮		
	时间	25s	3s	2s	30s		
南北	信号	红灯亮			绿灯亮	绿灯闪	黄灯亮
	时间	30s			25s	3s	2s

9.3.4　实验要求

(1) 分配 I/O 点地址并绘制表格。

(2) 编制程序梯形图，并适当标注注释。

9.3.5　思考题

(1) 调试程序的过程中遇到的问题，是如何解决的？

(2) 时序图对编程有什么作用？

(3) 自锁和互锁是如何定义的，试以本实验的应用说明其在 PLC 程序中的作用。

9.4　PLC 与 PC 串口通信

9.4.1　实验目的

(1)掌握 PLC 自由口的 RS485 通信原理。

(2)学习可编程控制器通信的 PLC 程序编制。

(3)掌握可编程控制器中断编程。

(4)培养学生计算机应用能力及数据处理能力。

9.4.2　实验设备

(1)S7-200 Siemens PLC 一台；

(2)微机一台；

(3)PLC 编程软件包(STEP 7 Micro/WIN)一套；

(4)RS232 转 RS485 转换器一个；

(5)串口数据线一根；

(6)串口调试助手一套。

9.4.3　实验内容

1) RS485 通信基本原理

S7-200 PLC 的 PPI 是 RS485 接口,而一般 PC 默认的只带有 RS232 接口,通过 RS232/RS485 转换模块(图 9-10)将 PC 串口 RS232 信号转换成 RS485 信号,才能进行 PC 与 S7-200 的通信实验。

图 9-10　RS232 转 RS485 模块

2) 自由口通信说明

S7-200 CPU 具有自由口通信能力。

自由口通信是一种基于 RS485 硬件基础上,允许应用程序控制 S7-200 CPU 的通信端口,以实现一些自定义通信协议的通信方式。

S7-200 CPU 处于自由口通信模式时,通信功能完全由用户程序控制,所有的通信任务和信息定义均需由用户编程实现。

借助自由口通信模式,S7-200 CPU 可与许多通信协议公开的其他设备、控制器进行通信,其比特率为 1200～115200bit/s。

补充说明:

(1) 由于 S7-200 CPU 通信端口是半双工通信口,所以发送和接收不能同时进行。

(2) S7-200 CPU 通信口处于自由口模式下时,该通信口不能同时工作在其他通信模式下。例如,端口 1 在进行自由口通信时,就不能进行 PPI 编程。

(3) S7-200 CPU 通信端口是 RS485 标准,因此如果通信对象是 RS232 设备,则需要使用 RS232/PPI 电缆。

(4) 自由口通信只有在 S7-200 CPU 处于 RUN 模式下才能被激活,如果将 S7-200 CPU 设置为 STOP 模式,则通信端口将根据 S7-200 CPU 系统块中的配置转换到 PPI。

3) 自由口通信设置

使用自由口通信前,必须了解自由口通信工作模式的定义方法,即控制字的组态。

S7-200 CPU 的自由口通信的数据字节格式必须含有一个起始位、一个停止位,数据位长度为 7 位或 8 位,校验位和校验类型(奇、偶校验)可选。

S7-200 CPU 的自由口通信定义方法为将自由口通信操作数传入特殊寄存器 SMB30(端口 0)和 SMB130(端口 1)进行端口定义,自由口通信操作数定义如下所示。

MSB							LSB
7							0
p	p	d	b	b	b	m	m

pp: 校验类型选择

00=不校验

01=偶校验

10=不校验

11=奇校验

d: 每字符数据位长度

0=8 位

1=7 位

bbb: 自由口通信比特率(bit/s)。注意:57600bit/s 和 115200bit/s 比特率仅有 1.2 版以上的 S7-200 CPU 支持。

000=38400

001=19200

010=9600

011=4800

100=2400

101=1200

110=115200

111=57600

mm: 协议选择。默认设置为 PPI 从站模式。

00=PPI 从站模式

01=自由口模式

10=PPI 主站模式

11=保留

4) 串口调试助手(图 9-11)

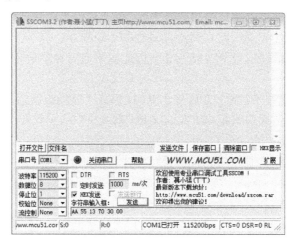

图 9-11　串口调试助手界面

9.4.4　实验要求

(1)学习 RS485 通信线工作原理并完成接线。

(2)编制程序梯形图,并适当标注注释。

(3)利用串口调试助手对编写程序进行测试。

9.4.5　思考题

(1)RS485 协议与 RS232 协议相比有什么优势?

(2)PLC 串口通信为什么要用到中断程序,可否不用中断实现?为什么?

(3)尝试用自己熟悉的 PC 语言编写上位机串口收发程序。

9.5　步进电机定位运动控制

9.5.1　实验目的

(1)掌握 PLC 的高速脉冲输出控制步进电机的原理。

(2)学习 PLC 高速脉冲口输出 PTO 脉冲序列的 PLC 程序编制。

(3)了解 PLC 定位控制相关寄存器及主要功能。

(4)培养学生测控系统软硬件开发能力和运用所学理论和技能解决专业问题的能力。

9.5.2　实验设备

(1)S7-200 Siemens 可编程控制器(PLC)一台;

(2) PLC 编程软件包(STEP 7 Micro/WIN)一套;

(3) 步进电机及驱动器一套;

(4) 相关接线及电阻一套。

9.5.3　实验内容

(1) 步进电机是一种将电脉冲转化为角位移的执行机构。当步进驱动器接收一个脉冲信号，它就驱动步进电机按设定的方向转动一个固定的角度(称为"步距角")，它的旋转是以固定的角度一步一步运行的。可以通过控制脉冲个数来控制角位移量，从而达到准确定位的目的;同时可以通过控制脉冲频率来控制电机转动的速度和加速度，从而达到调速的目的。步进电机可以作为一种控制用的特种电机，利用其没有积累误差(精度为100%)的特点，广泛应用于各种开环控制。

一般步进驱动器接线如图 9-12 所示:

CP+/CP-：脉冲接线端子。

DIR+/DIR-：方向控制信号接线端子。

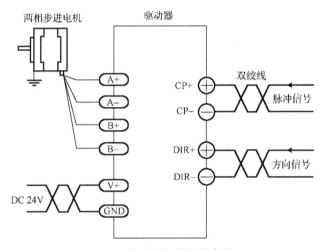

图 9-12　步进电机控制基本原理

(2) 位置控制向导，如图 9-13 所示，打开如图 9-14 所示对话框。

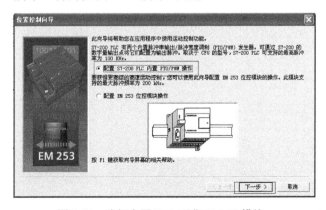

图 9-13　位置控制向导菜单　　　　　　图 9-14　选择内置 PTO 而非 EM253 模块

9.5.4　实验要求

(1)学习步进电机驱动原理并完成相关接线。

(2)编制程序梯形图，并适当标注注释。

(3)最终实现步进电机的定位控制。

9.5.5　思考题

(1)采用 EM253 模块与内置 PTO 的有无差异，若有，都有哪些不同？

(2)如果步进电机上安装有串行编码器，该如何接入 PLC？

第 10 章　虚拟仪器技术

"虚拟仪器技术"为测控技术与仪器专业及机械专业的选修课程，授课对象是机械大类以及相关专业的本科生。该课程是在系统学习专业基础课程上，接近工程实践的一门专业特色选修课程，是计算机技术、仪器技术、数据分析处理、通信技术及图形用户有效结合的新工程课程，是多门技术与计算机技术结合的产物。通过本门课程的学习，使学生能够掌握图形化虚拟仪器开发方法，为今后的进一步学习与研究打下必要的基础。

本章主要介绍了基于虚拟仪器技术的三个实验，分别是基于虚拟仪器的温度检测系统、基于虚拟仪器的测速系统及基于虚拟仪器的数据采集系统。

10.1　实验平台简介

虚拟仪器实验使用的硬件实验平台为：泛华通用工程教学实验平台 nextboard，其可以完成热电偶、热敏电阻、RTD 热电阻、光敏电阻、霍尔元件等传感器的课程教学。课程提供传感器及调理电路，内容涵盖传感器特性描绘、电路模拟及实际测量等。教学实验平台 nextboard 结构如图 10-1 所示。

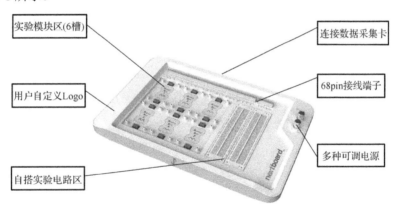

图 10-1　nextboard 效果图

各个实验模块的课程程序基于泛华工程教育产品 nextpad 软件平台，因此在加载课程程序前需要先安装 nextpad。

课程程序安装步骤如下。

（1）安装 nextpad。

从泛华 DAQ 网站（http://daq.pansino.com.cn/Support/DownLoad_Content.aspx?D_Id=106&D_CategoryId=3）或者 GSDzone 网站（http://www.gsdzone.net/Download_in.aspx?cid=3&did=583）上下载 nextpad 安装软件，下载完成后解压。打开文件夹，双击"nextpad installer.exe"开始安装 nextpad，如图 10-2 所示。如果之前已经安装过 nextpad，则可以省略这一步骤。

图 10-2　nextpad 安装包

（2）加载课程程序。

打开 nextpad，单击"配置"按钮，如图 10-3 所示。

图 10-3　nextpad 设置界面

在配置界面中单击"加载"按钮，如图 10-4 所示。

图 10-4　nextpad 加载界面

在文件保存路径下，选择"热电偶实验.nex"并单击"确定"按钮，等待系统自动加载完成。图 10-5 所示为对热电偶实验的加载，图 10-6 所示为实验加载完成界面。

图 10-5　nextpad 选择加载实验

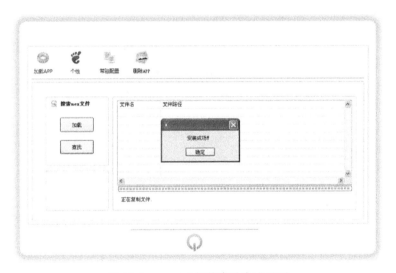

图 10-6　nextpad 加载实验完成界面

10.2　基于虚拟仪器的温度检测系统

10.2.1　热电偶实验模块

1. 实验目的

(1) 熟悉不同类型热电偶的特性曲线，掌握热电偶的测量方法。

(2) 了解放大电路的测量原理(热电势 μV 级别，需要进行放大处理)，学会计算放大电路的放大倍数。

(3)培养学生电路连接与动手操作的能力。

2. 实验设备

(1)nextpad 软件平台；

(2)nextboard 实验平台；

(3)热电偶实验模块一个；

(4)K 型热电偶一根，J 型热电偶一根；

(5)杜邦线四组。

3. 实验内容

(1)通过冷端温度测量传感器 LM35 计算冷端温度，使用特性曲线估算冷端电势。

(2)计算热电偶工作点温度，手动测量 LM35 输出电压及放大电路的输出电压，计算热电偶的工作点温度。学会通过冷端温度及热电势计算工作点温度。

(3)使用实验面板，重复上述实验，查看数据波形，核对手动测量的数据。

本实验适用于 Analog Slot。

4. 实验步骤

(1)关闭平台电源(nextboard)，插上热电偶实验模块，开启平台电源，此时可以看到模块左上角电源指示灯亮，如图 10-7 所示。

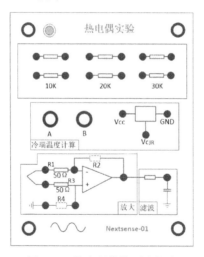

图 10-7　热电偶模块通电状态

注意模块安装方向(图 10-7)。本实验标号 $\wedge\!\wedge$ 适用于模拟插槽。为方便后续调零操作，使用 nextboard 平台的用户，请选择 Analog Slot1 或者 Analog Slot2。

(2)在 nextboard 平台的热电偶实验模块上将 R_2 和 R_4 分别连接备选电阻，且 $R_2=R_4$。则放大倍数=备选电阻值/50Ω，例如，Gain=10kΩ/50Ω=200 倍。连接示意图如图 10-8 所示。

(3)放大电路的调零：用导线短接红色和黑色圆圈标注的 A、B 或者是下方的 A、B 两点，如图 10-9 所示。打开 nextboard 电源，然后打开软件，双击热电偶实验图标进入实验，将页面切换到"自动测量"，单击 R_2 电阻，修改为所选择的备选电阻的阻值，此时 R_4 自动被修改，然后单击右上角的开始采集按钮，注意观察 V_{out} 的值，用螺丝刀对模块右下角的调零电阻进行调零，直至放大电路输出电路 V_{out} 为零，单击停止采集，断开 A、B 短接线。

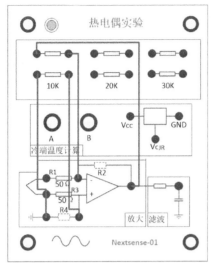

图 10-8 热电偶模块接线图

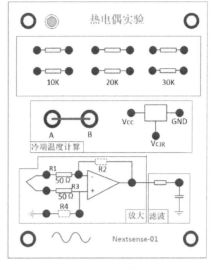

图 10-9 热电偶模块调零

(4)将热电偶连接到 A、B 接线柱上(红色接线端与红色接线柱对应),并在软件上选择所用的"热电偶类型",重新开始采集。将热电偶放入温水中,重新开始采集,实验结束,单击"数据保存"保存实验结果。

5. 注意事项

(1)在插拔实验模块时,尽量做到垂直插拔,避免因为插拔不当而引起的接插件插针弯曲,影响模块使用。

(2)禁止弯折实验模块表面插针,防止焊锡脱落而影响使用。

(3)更换模块或插槽前应关闭电源。

(4)开始实验前,认真检查电阻连接,避免连接错误而导致的输出电压超量程,否则会损坏数据采集卡。

6. 思考题

如何判断热电偶电极的正负极性?

10.2.2 热敏电阻实验模块

1. 实验目的

(1)了解 B 值对热敏电阻特性曲线的影响。

(2)熟悉恒流源法以及分压法的测试方法。学会计算热敏电阻阻值及温度值。

(3)通过本实验培养学生将所学知识用于实际应用的能力。

2. 实验设备

(1)nextpad 软件平台;

(2)nextboard 实验平台;

(3)热敏电阻实验模块一个;

(4)热敏电阻两根;

(5)杜邦线四组。

3. 实验内容

(1)测量所有备选电阻阻值，将软件默认值更改为实测阻值。

(2)固定温度值，修改两个电路中的跨接电阻值(R_i)，手动测量热敏电阻的伏安特性。

(3)固定两个电路中的R_i，修改温度，手动测量热敏电阻两端电压，换算当前温度值。

(4)使用实验面板，重复上述实验，查看数据波形，核对手动测量的数据。

本实验适用于 Analog Slot。

4. 实验步骤

(1)关闭平台电源(nextboard)，插上热敏电阻实验模块，开启平台电源，此时可以看到模块左上角电源指示灯亮，如图 10-10 所示，然后用万用表逐个测量备选电阻的阻值。

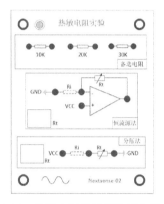

图 10-10　热敏电阻实验模块通电状态图

注意模块安装方向(上图)。本实验标号 ～～～适用于模拟插槽。

(2)以恒流源法为例：将热敏电阻接到恒流源法的R_t两端(实验模块上的绿色螺丝拧线端子)，将R_i与备选电阻相连。

(3)打开 nextboard 电源，打开软件，双击热敏电阻实验图标进入实验，将页面切换到"仿真与测量"，软件界面如图 10-11 所示，将测量到的备选电阻的实际值填写到"备选电阻测量与校准"，单击"更改"，修改完后将页面切换到"自动测量"，选择 R_i 为连接的阻值大小，用万用表测量 nextboard 上恒流源法中 V_{CC} 与 GND 间的电压(GND 端可用分压法中的 GND 端)，填写入软件中，并将R_i选择为连接的备选电阻，"通道"值为软件自动识别所得。

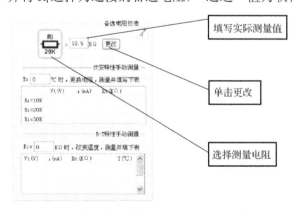

图 10-11　热敏电阻模块"仿真与测量"操作界面

(4)单击开始采集，查看特性曲线的显示结果，用手握住热敏电阻，观察温度值的变化，停止采集，保存数据。

(5)分压法与恒流源法试验步骤相同，其中 V_{CC} 需要重新测量。

5. 思考题

分析影响热敏电阻测量温度结果准确性的因素？

10.2.3　RTD 热电阻实验模块

1. 实验目的

(1)了解 A、B 参数对 PT100 及 PT1000 特性曲线的影响。

(2)熟悉恒流源法及分压法的测试方式。学会计算热电阻阻值及温度值。

(3)通过本实验培养学生对专业知识的基本运用能力和数据处理能力。

2. 实验设备

(1)nextpad 软件平台；

(2)nextboard 实验平台；

(3)RTD 热电阻实验模块一个；

(4)PT100 热电阻一根，PT1000 热电阻一根；

(5)杜邦线四组。

3. 实验内容

(1)测量所有备选电阻阻值，将默认阻值更改为实测阻值。

(2)固定温度值，修改两个电路中的跨接的电阻值(R_i)，测量热电阻的伏安特性。200Ω、300Ω、500Ω备选电阻适用于 PT100，1kΩ、2kΩ备选电阻适用于 PT1000。

(3)固定两个电路中的 R_i，改变温度，通过测量热电阻两端电压，换算当前温度值。

(4)使用实验面板，重复上述实验，查看数据波形，核对手动测量的数据。

本实验适用于 Analog Slot。

4. 实验步骤

(1)关闭平台电源(nextboard、myboard 或 ELVISboard)，插上 RTD 热电阻实验模块。开启平台电源，此时可以看到模块左上角电源指示灯亮，如图 10-12 所示，然后用万用表逐个测量备选电阻的实际阻值。

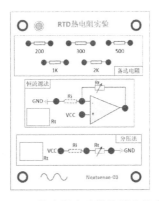

图 10-12　热电阻实验模块通电状态图

注意模块安装方向(上图)。本实验标号 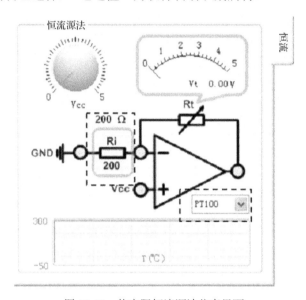适用于模拟插槽。

(2)以恒流源法为例:若热电阻选择为 PT100,则 R_i 可在备选电阻的 200Ω、300Ω、500Ω 中选择;选择为 PT1000,R_i 可选 1kΩ 或 2kΩ,将 R_i 与备选电阻相连。之后将 PT100 或者 PT1000 连接到实验模块上的绿色螺丝拧线端子 R_t 上,并将传感器类型切换为实际连接值。

(3)打开 nextboard 电源,开启软件,双击 RTD 热电阻实验图标进入实验,将页面切换到"仿真与测量",仿真界面如图 10-13 所示,将测量到的备选电阻的实际值填写到"备选电阻测量与校准",如图 10-14 所示,然后单击"更改",修改完后将页面切换到"自动测量",选择 R_i 为连接的阻值大小,用万用表测量 nextboard 上恒流源法中 V_{CC} 与 GND 间的电压(GND 端可用分压法中的 GND 端),填入软件中,并将 R_i 修改为连接的备选电阻,"采集配置"中的"传感器类型"需自己选择,"通道值"为软件自动识别所得。

图 10-13　热电阻恒流源法仿真界面

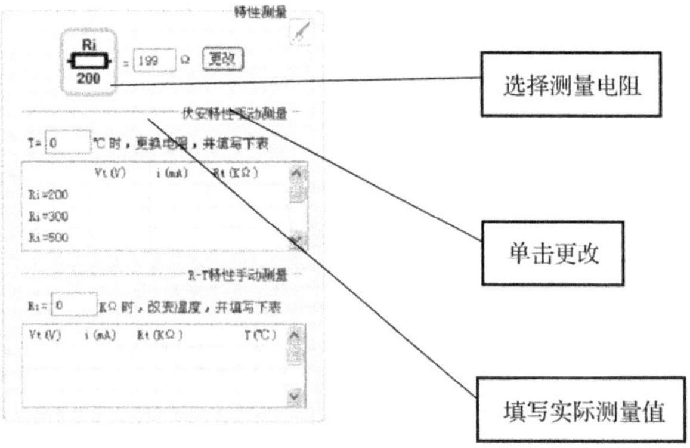

图 10-14　备选电阻测量与校准界面

(4)单击开始采集,查看特性曲线的显示结果,用手握住传感器铜头部分,观察温度值的变化,单击停止采集,保存数据。

(5)分压法与恒流源法试验步骤相同，其中 V_{CC} 需重新测量。

5. 思考题

如何根据测量范围和精度要求选用热电阻？

10.3 基于虚拟仪器的测速系统

10.3.1 霍尔传感器实验模块

1. 实验目的

(1)了解霍尔元件的特性曲线，计算线性霍尔元件工作曲线斜率。

(2)使用实验模拟页面中的模型，直观了解霍尔元件的工作方式，区别上升沿计数和下降沿计数。

(3)培养学生进行测控系统设计的能力。

2. 实验设备

(1)nextpad 软件平台；

(2)nextboard 实验平台；

(3)霍尔传感器实验模块一个；

(4)直流小电机一个，电机支架一个，侧轮片一个，圆盘片一组；

(5)杜邦线四组，永磁片四片，PVC 螺丝钉十二颗。

3. 实验内容

(1)固定圆盘角度，改变永磁片和线性霍尔元件的距离，手动测量元件输出电压，计算当前磁感应强度，旋转上盘片，重复测量。

(2)使用实验面板，重复上述实验，查看数据波形，核对手动测量数据。

(3)将开关霍尔元件的 V_{out}、GND 分别连接到接线端子上的 AI0、AI8，调整电机转数，查看波形以及转数。

本实验适用于 Digital Slot+Analog Slot。

4. 实验步骤

(1)将附件中的电机安装到电机支架上，用螺丝锁紧，将侧轮片安装在电机中轴上插紧。将装有电机的电机支架用 PVC 螺丝固定在实验模块左侧，并将直流电机的电源接在模块的插座上，如图 10-15 所示。

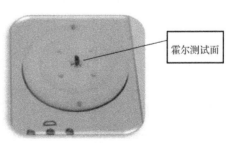

霍尔测试面

图 10-15 实验电机的安装

　　将附件中的下圆盘片用固定 PVC 螺丝固定在实验模块右侧(线性霍尔元件测量的一侧)，使红色箭头处于垂直。固定完成后将上圆盘片叠放在下盘片上。使红色箭头指向上盘片的角度刻度。当箭头指向角度刻度的 0°位置时，上盘片的深、浅槽与霍尔传感器的测试面垂直，不同导槽对应不同大小的磁片，深导槽对应附件中的 4mm 大磁片。进行霍尔实验时将磁片放置在霍尔测试面所面对的导槽，如图 10-16 所示。

图 10-16　霍尔测试面的安装

　　(2)关闭平台电源(nextboard)，插上霍尔传感器实验模块。开启平台电源，此时可以看到模块左上角电源指示灯亮，如图 10-17 所示。

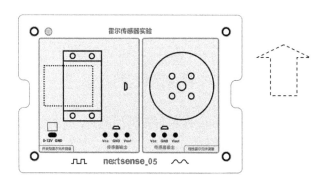

图 10-17　霍尔实验模块通电状态图

　　(3)开启软件，双击霍尔传感器实验图标进入实验，切换到"自动测量"页面，单击"线性霍尔元件"侧的开始测量，先将永磁片移开，查看 V_{out} 输出，并保存，作为基准值 V_0，然后将永磁片放上，移动永磁片靠近霍尔传感器，观察电压的变化，然后将永磁片的极性反向，再重新靠近霍尔传感器，观察电压变化和极性，停止测量。

　　(4)开关型霍尔元件：移除永磁片，旋转 nextboard 上右上端的可调旋钮，用于调节电机的转数，电机开始测量按钮，观察"计数"的变化，停止测量。

5. 注意事项

　　(1)在插拔实验模块时，尽量做到垂直插拔，避免因为插拔不当而引起的接插件插针弯曲，影响模块使用。

　　(2)禁止弯折实验模块表面插针，防止焊锡脱落而影响使用。

　　(3)更换模块或插槽前应关闭电源。

　　(4)开始实验前，认真检查电阻连接，避免连接错误而导致的输出电压超量程，否则会损坏数据采集卡。

6. 思考题

利用霍尔传感器测速的优势和限制各有哪些？

10.3.2 编码器实验模块

1. 实验目的

(1)了解编码器的工作原理及特性。

(2)学习旋转编码器和步进电机的基本用法。

(3)通过本实验培养学生综合运用所学理论进行测控系统设计的能力。

2. 实验设备

(1)nextpad 软件平台；

(2)nextboard 实验平台；

(3)编码器实验模块一个；

(4)编码器一个，编码器支架一个，步进电机一个，步进电机支架一个；

(5)联轴器一个，内六角螺丝刀一把，M3×6 螺丝十个，M2×4 螺丝四个，杜邦线四组。

3. 实验内容

编码器实验模块(nextsense08)使用增量式光电编码器作为被测对象，涉及编码器角度测量和频率测量。实验采用步距角为 1.8°的 20 步进电机作为被测物，可以编程调动步进电机进行特定角度的转动，为编码器测量提供依据。

利用旋转编码器的反馈信号控制步进电机：

(1)控制步进电机转动；

(2)用编码器采集转动角度，测量步进电机步进角；

(3)观察编码器输出信号，计算编码器每圈输出脉冲数。

本实验左侧数字实验模块(⎍⎍)适用于 Digital Slot，右侧模拟实验模块(〰)适用于 Analog Slot，共占用两个插槽。

运行课程后可以自动识别模块占用的通道。

4. 实验步骤

(1)用螺丝将附件中的编码器和步进电机安装到各自支架上，用螺丝锁紧。将装有编码器的支架用螺丝固定在实验模块上左侧位置；用内六角螺丝刀将联轴器固定在编码器中轴上备用。将步进电机安装在步进电机支架上，如图 10-18 所示，注意不要将步进电机支架固定在模块上。

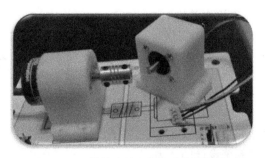

图 10-18 模块上编码器和电机的安装

将步进电机中轴固定在联轴器另一侧，并用内六角螺丝刀拧紧。

由于操作差异，无法保证步进电机和联轴器的转轴完全处在同一水平线上，图 10-19 显示了同样附件由于不同的安装方式所导致的轴线偏差，为避免偏差过大导致无法连接编码器，因此建议只固定编码器支架(或者步进电机支架)，使步进电机(或者编码器)处于自由状态可以避免损坏联轴器。

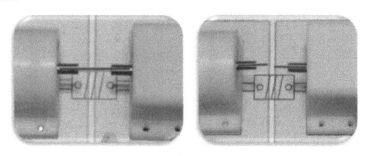

图 10-19　安装效果比较

(2)关闭平台电源(nextboard)，插上编码器实验模块。开启平台电源，此时可以看到模块左上角电源指示灯亮，如图 10-20 所示。

(3)在 nextpad 主界面中选择编码器实验图标，双击进入实验。将页面切换到"编码器输出"，然后将 CTR A、CTR B 和 CTR Z 中的任一个连接到绿色端子板的 AI4 上。单击开始采集，查看波形，用手转动联轴器，观察波形输出和计数值。

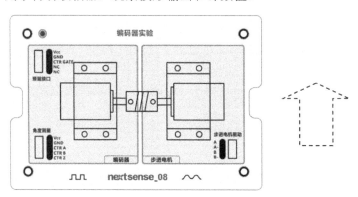

图 10-20　编码器实验模块

5．思考题

编码器的测速精度受哪些因素的影响？

10.4　基于虚拟仪器的数据采集系统

1．实验目的

(1)学习数据采集存储的基本原理。

(2)培养学生进行测控系统设计的能力。

2. 实验设备

（1）nextpad 软件平台；

（2）nextboard 实验平台；

（3）声音采集与回放实验模块一个。

3. 实验内容

声音采集与回放实验模块（nextsense07），提供音频采集、输出电路。

（1）按照实验步骤，正确连接和安装实验设备，通过设备提供的虚拟仪器软件控制声音的采集和回放；

（2）选取声音源，实现声音文件的创建、存储和读取，通过完成基于虚拟仪器的录音功能；

（3）采用实验设备提供的虚拟仪器软件，实现对声音信号的频谱分析。

本实验属于模拟实验模块（∿），适用于 Analog Slot。

运行课程后可以自动识别模块占用的通道。

4. 实验步骤

（1）关闭平台电源（nextboard），插上声音采集与回放实验模块，开启平台电源，此时可以看到模块左上角电源指示灯亮，如图 10-21 所示。

（2）运行声音采集与回放实验应用程序，结果如图 10-22 所示。

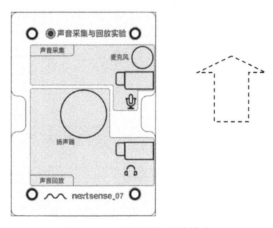

图 10-21　数据采集回放模块

图 10-22　加载课程程序

在 nextpad 主界面中选择"声音采集与回放"实验图标，双击进入实验，实验操作界面如图 10-23 所示。

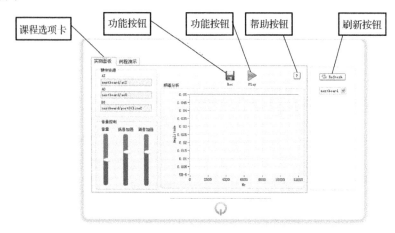

图 10-23　实验操作界面

单击 Play 按钮，将弹出如图 10-24 选择文件的对话框，选择文件后，将播放该文件。

图 10-24　音频文件选择

播放文件时，可以看到音频信号的频谱分析如图 10-25 所示。

单击 Rec 按钮，同样弹出如上所示选择文件的对话框，重新命名后单击"确定"按钮，开始录制并且保存，在录制过程中，也可以看到如图 10-25 所示的对当前信号的频谱分析。

5. 注意事项

(1)在插拔实验模块时，尽量做到垂直插拔，避免因为插拔不当而引起的接插件插针弯曲，影响模块使用。

(2)禁止弯折实验模块表面插针，防止焊锡脱落而影响使用。

(3)更换模块或插槽前应关闭电源。

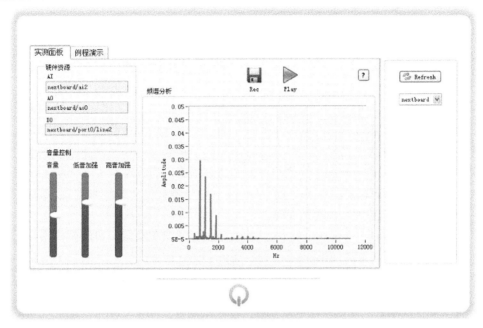

图 10-25　信号频谱

（4）开始实验前，认真检查电阻连接，避免连接错误而导致输出电压超量程，否则会损坏数据采集卡。

6. 思考题

分析数据采集系统的基本原理和框架。

第 11 章　测控系统综合设计

"测控系统设计"是测控技术与仪器专业的必修专业课程，是一门用专业理论解决实际问题的课程。本课程的主要任务是培养学生进行测控系统综合设计的能力，其目标就是将前面系列专业课的内容作为测控系统组成要素，培养学生从工程实际考虑问题，根据具体问题进行测控系统功能、结构和软硬件综合设计的能力。本课程通过综合设计性实践环节，着重培养学生提出问题、分析问题和解决问题的能力，使学生掌握简单测控系统设计的基本技能，为后续毕业设计和将来参加工作奠定基础。

本章首先介绍了基于实际科研案例设计的分布式测控系统实验平台的硬件结构，然后介绍了基于该平台开发的"测控系统设计"课程的 3 个综合设计实验，分别为基于 485 总线的高速公路收费亭新风控制系统设计、基于单总线的机车轴温监测系统设计和基于 CAN 总线的抢答器系统设计。

11.1　分布式测控系统实验平台简介

分布式测控系统实验平台采用如图 11-1 所示的机箱插卡式结构，所有功能板卡从机箱后面插入，板卡之间的电源与信号线通过前面板和后面的整体背板相连。为了便于学生拆装以观察内部结构，平台划分为多个功能模块，每个功能模块尽量集中在一块板卡上。实验平台电源采用 AC220V/5V 电源，直接输入到机箱的电源板上，通过引线将直流电源引入母板。

图 11-1　分布式测控系统实验平台实物图

按照完成的功能，实验平台包括如下几个功能板卡：
(1) 电源板(槽位 1)；
(2) CPU 板卡(槽位 2)；
(3) 数字量输入输出板卡(槽位 3)；
(4) 模拟量输入输出板卡(槽位 4)；

(5)通信板卡(槽位 5);

(6)人机交互板卡(按键、灯、LED、LCD)——前面板;

(7)系统母板——完成各插卡间电源与信号的传递;

(8)外挂功能组件。

下面对各功能模块进行介绍。

11.1.1　CPU 板卡

CPU 卡主要提供单片机最小系统,包括 51 单片机及总线扩展芯片、程序存储芯片、数据存储芯片、I/O 口扩展芯片、实时时钟芯片、拨码开关等资源。该板卡 CPU 最小系统电路原理图如图 11-2 所示,其中高位地址线产生的 8 个片选信号分别连接的资源及占用的地址如下:

CS0——连接到程序存储器 28C64,地址:0000H~1FFFH。

CS1——预留。

CS2——连接到数据存储器 6264,地址:4000H~5FFFH。

CS3——连接到数字输入输出板,扩展 1 片 8255,地址:6000H~7FFFH。

CS4——预留。

CS5——连接到人机接口板,扩展 1 片 8255,地址:A000H~BFFFH。

CS6——连接到 USB 接口板,扩展 1 片 8255,地址:C000H~DFFFH。

CS7——连接到通信接口板,扩展 1 片 SJA1000,地址:E000H~FFFFH。

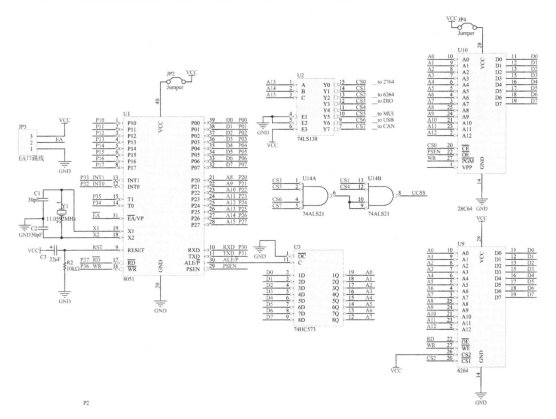

图 11-2　CPU 最小系统原理图

为了提高 CPU 数据及地址总线的驱动能力，选用 74LS244 作为地址总线和控制总线的驱动芯片，选用 74LS245 作为数据总线的驱动芯片。由于 CS0 和 CS2 以外的资源都位于系统总线驱动后端，为了防止总线驱动前后的干扰，采用 74LS21 完成片选的逻辑与操作作为数据总线驱动芯片的使能，使得只有操作总线驱动芯片后端的器件时数据总线驱动芯片才工作。总线驱动部分的原理图如图 11-3 所示。

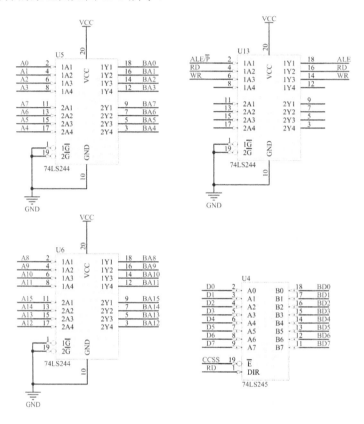

图 11-3　总线驱动原理图

为了能够完成不同实验平台 ID 的设定，采用拨码开关设置 ID，拨码开关通过锁存器 74HC573 连接到 CPU 的 P1.4～P1.0，机器 ID 可以通过 5 个指示灯显示，74HC573 的 OE 连接到 CPU 的 P3.4，此部分的电路原理图如图 11-4 所示。

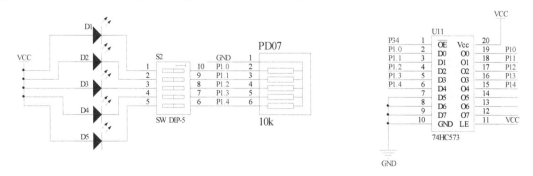

图 11-4　实验平台 ID 设置原理图

此外，为了给系统配备时钟，该板卡采用了 SD2405 实时时钟芯片提供统一的时间，同时配置了 E^2PROM 芯片 AT24C256 作为重要数据的存储器，可以保存诸如机器地址等信息，由于这两个芯片均为 I^2C 接口，其数据与时钟线分别连接到 CPU 的 P10 和 P35，电路原理图如图 11-5 所示。

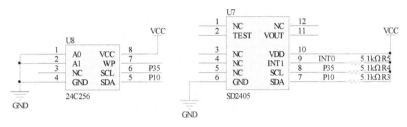

图 11-5　I^2C 接口的 E^2PROM 和实时时钟原理图

11.1.2　数字量输入输出板卡

为了提高输入输出系统的可靠性，该板卡提供 8 路隔离数字量输入，8 路隔离数字量输出和 2 路隔离频率量输入。数字量输入输出采用总线扩展 8255 实现，8255 片选接主板的 CS3，因此其地址为 6000H～7FFFH，8255 的 PA 口设置为输入口，PB 口设置为输出口。该板卡的数字输入信号通过 TLP521-4 进行隔离，其隔离电压为 2500Vrms，最大导通频率 100kHz。光耦导通时，流经发光二极管的电流最小为 2mA，典型值为 10mA，因此需要根据输入电压的大小调整发光二极管前端的限流电阻。输入端为双端输入，其正端必须有输出电流的能力，当某一通道的输入电流大于发光二极管的导通电流时，原端的发光二极管导通，次边的光敏三极管导通实现信号的传递，8 个输入通道分别连接到 8255 PA 口的 8 个管脚上。输入电路的原理图如图 11-6 所示。

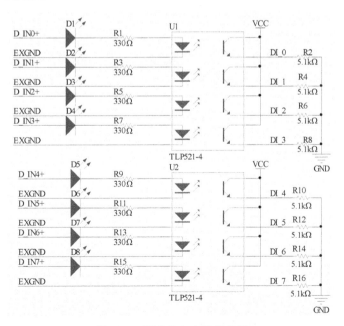

图 11-6　隔离输入电路原理图

板卡的输出也通过 TLP521-4 进行输出隔离，当 PB 口的某个管脚(DOO0～DOO7)输出高电平时，TLP521-4 内部的发光二极管导通，副边的光敏三极管接收到光信号后导通，使得对应的输出端为高电平；当 PB 口的某个管脚(DOO0～DOO7)输出低电平时，TLP521-4 内部的发光二极管不发光，副边的光敏三极管截止，使得对应的输出端为低电平。每个输出通道上都配置了发光二极管，当对应管脚输出高电平时，发光二极管点亮，输出低电平时不亮。输出电路的原理图如图 11-7 所示。

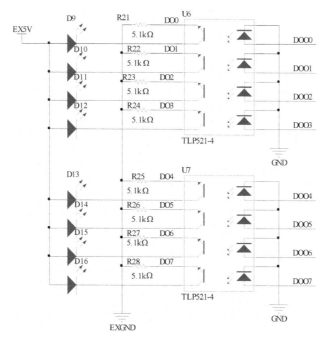

图 11-7　隔离数字量输出原理图

该板卡还提供了 2 路隔离的频率量输入通道，采用高速光耦 6N137 进行隔离，其最大导通频率可达 10MHz，能够满足绝大部分频率量的隔离输入，6N137 隔离后的信号输入 CPU 的 INT0 和 INT1 管脚。频率量输入通道的电路原理图如图 11-8 所示。

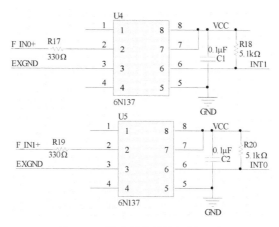

图 11-8　隔离频率量输入原理图

该板卡 8255 和输入输出接口部分的原理图如图 11-9 所示。

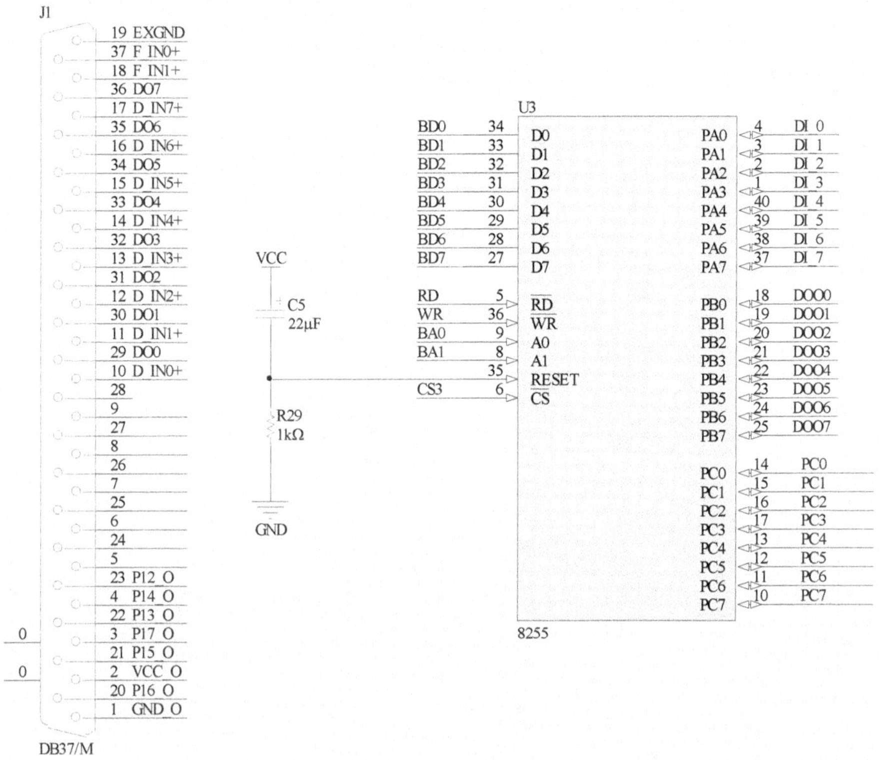

图 11-9　8255 及对外端口定义

11.1.3　模拟量输入输出板卡

模拟量输入输出板提供 8 路 10 位 0～5V 模拟量的 A/D 输入，8 路 0～5V 模拟量的 D/A 输出。为了提高可靠性，模拟量输入输出信号与 CPU 控制信号之间采用光耦进行隔离。模拟量输入输出芯片选用 SPI 串行接口控制的芯片，相对于并行接口芯片，其操作速度相对较低，但由于操作口线少，便于对信号线的隔离，因此常用于模拟量隔离电路设计。

AD 芯片选用 MAX186，它是一个 8 路 10 位 A/D 变换芯片，其操作口线包括片选线 CS，时钟线 SCLK，数据接收线 DIN，数据输出线 DOUT；DA 芯片选用 MAX528，其操作口线包括片选线 CS，时钟线 SCLK 和数据接收线 DIN。由于这两个芯片都属于 SPI 接口，对于两个 SPI 接口芯片，其时钟线 SCK 和数据输入线 DIN 可以共用，只要片选不同即可。因此，模拟量输入输出板卡在设计时利用主板上隔离后的 P10 作为 SPI 时钟线 SCLK，利用隔离后的 P14 作为数据输入线 DIN，利用隔离后的 P12 和 P13 分别作为 MAX186 和 MAX528 的片选线，由于只有 MAX186 具有数字输出管脚 DOUT，其输出通过光耦隔离后输入到 CPU 的 P11 口。模拟量输入输出板的电路原理图如图 11-10 所示。

图 11-10 中，所有模拟量的输入输出均连接到 DB37 针 D 形插座对应管脚上，所有电平符合 0～5V 的外界模拟量均可直接输入到该插座对应的输入通道。外界需要 0～5V 模拟量进行控制的可以直接连接到对应的输出通道上。为了验证模拟量输入输出的正确性，利用一组

2 位的拨码开关将模拟量输出通道 0 和 1 分别连接到模拟量输入通道 0 和 1 上构成模拟量闭环通道，可以利用 AD 来采集 DA 输出的模拟量信号，从而验证 AD 和 DA 是否正确。

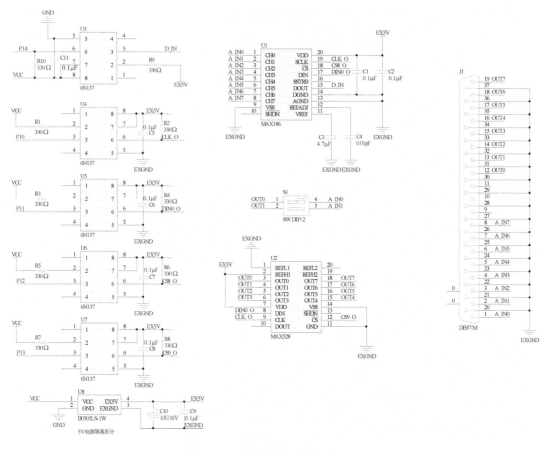

图 11-10　模拟量输入输出原理图

11.1.4　通信板卡

在测控系统中，通信主要用于完成信息的传递，是系统各部件或不同系统协同工作的基础。这里的通信主要是指系统间传递信息的串行通信，相对于并行通信，串行通信具有连线少，传输距离远等特点，广泛应用于现场测控设备的互联互通上。分布式测控系统实验平台的通信板卡主要完成 TTL、RS232、RS485、CAN 和 Zigbee 通信。

TTL、RS232 和 RS485 通信本质上都是串行通信，只是电平标准不同。TTL 通信一般只用于短距离内单片机串行口传输数据，其通信距离不超过 3m；RS232 相对 TTL 来说通信距离有所增加，但一般情况下通信电缆长度不超过 15m，最快传输速率不超过 20kbit/s，一般用于单片机与 PC 之间的串行通信。RS485 采用平衡传输方式，其通信距离可以达到几百其至上千米，一般用于较远范围内的多机通信。

由于单片机串行口提供的只有 TTL 电平串行通信，为了完成 RS232 和 RS485 通信，需要采用相应的电平转换芯片完成不同电平间的转换。MAX232 是常用的 RS232 与 TTL 电平转换芯片，MAX483/485 是常用的 TTL 与 RS485 电平转换芯片。同样为了提高系统可靠性，常采用高速光耦对串行通信信号线进行隔离，RS232、RS485 和 TTL 通信接口原理图如图 11-11 所示。

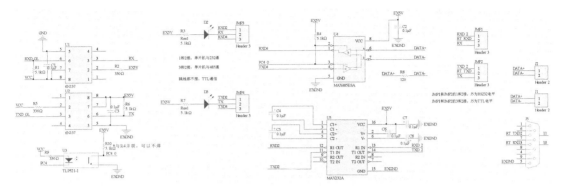

图 11-11　RS232、RS485 和 TTL 通信接口原理图

图 11-11 中，JMP1、JMP2、JMP3、JMP4 为四组跳线，当选择 RS232 通信时，需要将 JMP1、JMP2、JMP3、JMP4 的 1 和 2 短接，此时 DB9 的串行接口 J5 的第 2 脚为 RS232 发送，第 3 脚为 RS232 接收；当选择 RS485 通信时，需要将 JMP3、JMP4 的 2 和 3 短接；当选择 TTL 通信时，需要将 JMP3、JMP4 不短接，同时 JMP1、JMP2 的 2 和 3 短接，此时 DB9 的串行接口 J5 的第 2 脚为 TTL 发送，第 3 脚为 TTL 接收。

控制器局部网(CAN-controller Area Network，CAN 总线)属于现场总线范畴，其应用范围遍及从高速网络到低成本的多线路网络。在自动化电子领域的汽车发动机控制部件、传感器、抗滑系统等应用中，CAN 总线的最高通信速率可达 1Mbit/s。同时，它可以廉价地用于交通运载工具电器系统中，如灯光聚束、电动窗口等以替代所需的硬件连接。与一般的通信总线相比，CAN 总线各节点不分主从，网络上任一节点均可在任意时刻向网络上其他节点发送信息。

单片机与 SJA1000、82C250 配合是构成 CAN 总线智能节点的常用方案，其中单片机通过数据地址总线连接到 SJA1000 上，负责 SJA1000 的初始化，并通过 SJA1000 实现数据的接收和发送等通信任务；SJA1000 是一种常用的独立 CAN 控制器，内部嵌入了完整的 CAN 协议；82C250 是支持差分模式的 CAN 总线收发器，控制从 CAN 控制器到总线物理层的逻辑电平转换。为了提高通信的稳定性和系统可靠性，常采用光电耦合器对信号进行隔离，典型的应用电路原理图如图 11-12 所示。

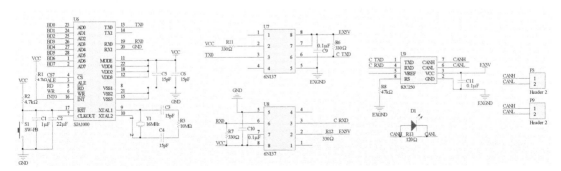

图 11-12　CAN 总线智能节点电路原理图

11.1.5　人机交互板

机箱前面板如图 11-13 所示，主要包括 6 个 8 段 LED 数码管、1 个 8×8 的 LED 点阵、1 个 LCD 液晶屏、5 个状态指示灯和一个 4×4 矩阵键盘，这些输入输出器件安装在人机交互电路板上，装好人机交互电路板的机箱实物如图 11-14 所示，该电路板通过螺丝固定在前面板的螺柱上。

图 11-13　前面板示意图

图 11-14　测控系统实验平台实物图

人机交互板卡用 1 片 8255 扩展输入输出口，通过板上的 IDC16 插座 P1 连接到背板上，8255 的片选线连至 74LS138 的 CS5，其地址范围是 0A000H～0BFFFH，由于 8255 的 PC 口可以分为两个独立 4 位口单独控制，因此将 PC 口用于扩展 4×4 矩阵键盘，矩阵键盘与 8255 的电路原理图如图 11-15 所示。

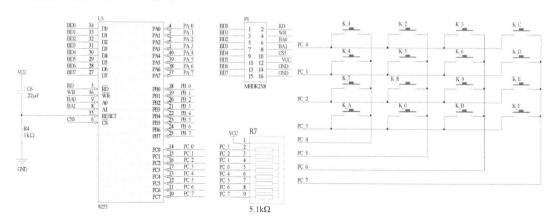

图 11-15　矩阵键盘与 8255 电路原理图

LED 数码管和其中 4 个状态指示灯通过 1 片 SPI 接口显示芯片 MAX7219 控制，MAX7219 的数据输入 DIN、时钟 CLK 和片选 LOAD 分别连接到 8255 的 PB0、PB1 和 PB2，其电路原理图如图 11-16 所示。

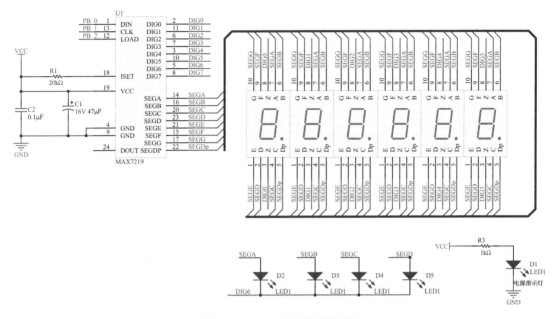

图 11-16　LED 显示电路原理图

8×8 共阳极 LED 点阵通过扩展另一片 MAX7219 控制，其数据线 DIN、时钟线 CLK 与第一片 MAX7219 共用，片选线 LOAD 连接到 8255 的 PB3。其电路原理图如图 11-17 所示。

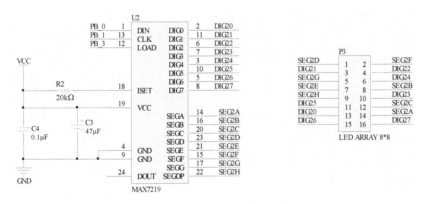

图 11-17　8×8 LED 点阵原理图

LCD 液晶屏 12864ZA 采用并行接口连接方式，其数据线连接到 8255 的 PA 口，用 PB 口中的 PB4～PB6 位分别控制其 RS、RW 和 E 线，其电路原理图如图 11-18 所示。

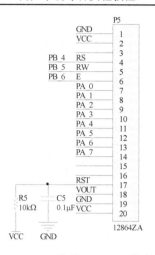

图 11-18　LCD 液晶 12864ZA 控制接口

11.1.6　外挂功能组件

由于实验平台各板卡均为插卡式结构，不利于实验的观察和操作，因此，将检测与执行元件单独作成外挂式功能组件，并通过 37 针并行电缆与实验平台的各输入输出板卡相连。主要包括如下几个功能模块。

1）温度检测与控制模块

温度检测与控制模块包括 4 个单总线温度传感器 DS18B20，每个 DS18B20 与 1 个加热模块和 1 个冷却模块安装在一起作为一个温度检测与控制单元。为了支持多点测温与控制实验，该组件共包括 4 个温度检测与控制单元。加热模块采用继电器和手动按钮并联控制大功率水泥电阻发热实现，冷却模块采用继电器控制直流风扇实现。大功率发热电阻与风扇的散热片相邻并在散热片上粘贴 DS18B20 测量其温度，需要加热时通过继电器或手动按钮给电阻通电即可，需要冷却时通过继电器接通风扇，通过空气流动带走多余热量。本模块包含 4 套独立的温度检测与控制模块，可以实现基于单总线的多点测温与闭环控制，可模拟机车轴温检测报警系统的功能，其中一点的温度检测与控制模块的电路原理图如图 11-19 所示。

除了数字温度传感器 DS18B20 外，本模块还配备了半导体温度传感器 AD590 和铂电阻温度传感器 PT100，两者均为模拟量输出，分别连接到 2 路模拟量输入通道。

2）数字量、模拟量输入输出模块

数字量、模拟量输入输出模块提供 8 路数字量隔离输入、8 路数字量隔离输出、6 路数字量非隔离双向输入输出、8 路模拟量隔离输入和 8 路模拟量隔离输出。当 8 路数字输入拨码开关中的某一路拨到上方时，该路反应的是拨码开关的输入状态；当拨到下方时，反映的是对应的数字量传感器输出的状态，连接的数字传感器包括：光照(P1.2，P1.3)、温湿度(P1.4)、人体红外(DI_1)、光敏(DI_2)、热敏(DI_3)、声控传感器(DI_4)、左限位开关(DI_5)、右限位开关(DI_6)和抢答器按键(DI_7)，各通道连接的传感器如图 11-20 所示。图 11-20 中 SW1、SW2 和 SW3 实现数字量输出功能的切换，SW1 导通时，8 路数字输出用于控制 CD4051、蜂鸣器和步进电机；SW2 导通时，用于实现语音芯片和继电器控制；SW3 导通时，用于实现 DS1820 的 8 个继电器输出控制。

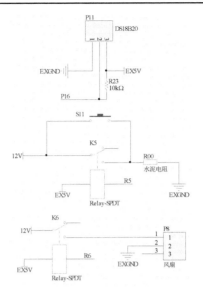

图 11-19　DS18B20 数字温度检测与控制模块原理图

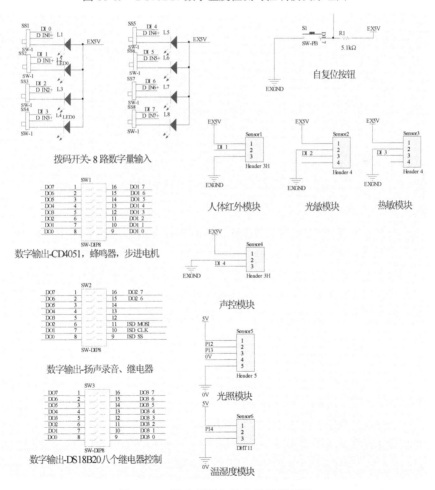

图 11-20　数字量输入输出信号原理图

8 路数字输出中的 2 路用于控制 2 个继电器输出，继电器采用单刀双掷形式，各继电器的公共端、常开端和常闭端均引出到接线端子上，可以用作电子开关控制外部设备，也可以通过相互的逻辑组合实现组合控制。2 个继电器中 K10 采用集成驱动芯片 MC1413 完成驱动，K9 采用分立元件完成驱动电路设计，继电器控制原理图如图 11-21 所示。继电器接口标注在电路板上，其中 COM 代表公共端，K 代表常开触点，B 代表常闭触点。

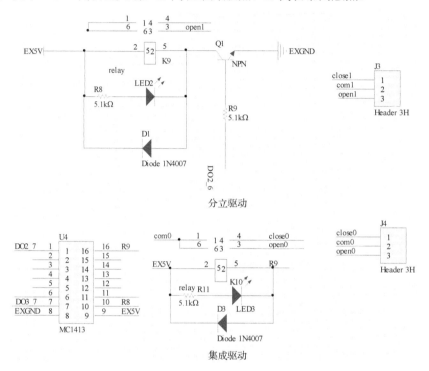

图 11-21　继电器驱动电路原理图

8 路模拟量输入信号配置成不同的类型，其中 A_IN0 用于 4～20mA 电流输入，通过 250 欧姆精密电阻转换成 1～5V 电压，可用于连接电流输出型传感器的输出；A_IN1 用于连接 −5V～5V 的电压输入，将正负电压转换为正电压输入 AD 通道；A_IN2 连接可调增益放大器的输出，此处利用模拟开关 4051 和 AD620 组成可控增益运算放大器，其中 AD620 可以通过 1 和 8 脚之间的反馈电阻改变其放大倍率，通过控制 4051 的 ABC 脚实现不同反馈电阻的接通，从而改变放大倍率，AD620 的增益 G 和反馈电阻阻值 R 的关系为

$$R = \frac{49.4\text{k}\Omega}{G-1}$$

A_IN3 用于采集 PT100 温度传感器调理电路的输出电压，采用平衡电桥测量原理；A_IN4 连接到一个可调电位器上，可以用于 AD 的测试；A_IN5 用于 AD590 输出电压的采集，AD590 通过串联的 10kΩ 精密电阻完成电流-电压的转换；A_IN6、A_IN7 用于连接双轴加速度计（ADXL203）X 和 Y 轴的输出，根据输出电压值可以换算为 X 和 Y 轴方向的加速度值，并可以通过调整 $C18$、$C20$ 的电容值调整加速度的输出频率。DA 输出通过射极跟随器后连接到模拟指针仪表。该部分电路原理图如图 11-22 所示。

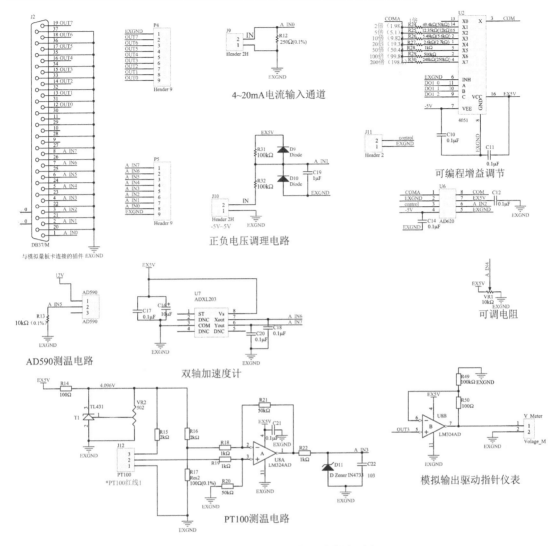

图 11-22　模拟输入输出通道原理图

3) 电机控制与测速模块

电机控制与测速模块用于控制一个如图 11-23 所示的 2 相步进电机移动平台，该平台包括一个步进电机控制的丝杠滑台，一个数字编码器，安装在左右极限位置的 2 个限位开关。步进电机利用 TA8435 专用步进电机驱动芯片实现控制，步进电机输出轴通过联轴器连接到一个旋转编码器输入轴上，旋转编码器的输出通过信号调理电路实现正反转脉冲的分离，分别输入到 2 个频率量输入通道中。实验中可以通过编程控制步进电机的转速和转角，进一步通过编码器对转速与转角进行测量，从而实现闭环速度控制。除此以外，步进电机平台上还安装了左右两个限位开关，分别连接到数字隔离输入通道 5 和通道 6 上，当步进电机带动的平台触发限位开关后可以停止或反向运行，防止损坏机械结构。该部分电路原理图如图 11-24 所示。

图 11-23　步进电机控制的丝杠滑台

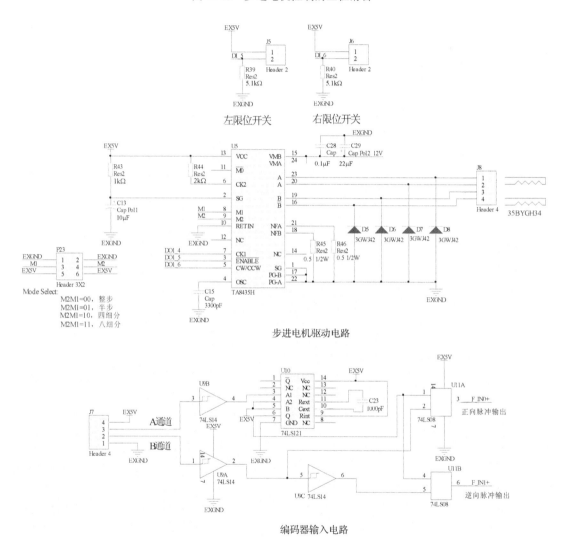

图 11-24　步进电机驱动与编码器信号调理电路

由于步进电机控制使用的是 DO1_4～DO1_6，使用步进电机前需要将 SW1 拨到 On 的位置。

11.1.7　思考题

分布式测控系统与集中式测控系统的主要区别是什么？

11.2　基于 485 总线的高速公路收费亭新风控制系统设计

11.2.1　科研背景

　　高速公路收费站一般采用多收费亭平行布置的方式建设，由于收费亭顶部一般有顶棚等覆盖物，而汽车接近收费站缴费或领卡的过程都需要经过减速、停车、起步和加速的过程，这一过程中造成的尾气排放相对于正常行驶时要大得多，若收费亭通风条件不好，污染的空气就会进入收费亭影响收费员的人身健康。现有的高速路收费亭都是采用将风机安装在距离收费亭较远处，利用风机通过管道将新鲜空气（新风）从收费亭顶部的空调孔送入收费亭内部。风机工作的功率决定了送风量，而送风量应该由正常工作的收费亭个数决定。正常工作的收费通道个数一般与车流量有关，车流量大时，工作收费亭个数多，需要的风量就大；车流量小时，工作收费亭个数少，需要的风量就小。收费亭新风控制系统就是要自动采集收费亭的工作状态并根据工作收费亭的多少自动控制风机的工作功率。

　　由于每个收费站收费亭多少各异，多的能有十多个，少的有 2～3 个，相邻车道的收费亭间隔都在 4 米左右，本项目主要针对收费亭较多的情况进行设计。设计时应该采用分布式系统结构，每个收费亭设置一个从机，风机处设置一个主机，所有从机采集收费亭内的温湿度并通过红外传感器采集是否有人，同时根据收费亭内是否有人自动打开或关闭收费亭内的出风口，主机通过轮询的方式与所有从机通信，轮询到的从机将自己采集的温湿度和是否有人的信息发送给主机，主机汇总后根据实际有人收费亭的多少决定风机的功率，从而控制进风量。风机功率的调节通过控制变频器频率实现。

11.2.2　实验目的

　　(1)通过主、从机设计熟悉利用单片机与传感器构建测控节点的设计方法。

　　(2)通过设计 485 多机通信掌握分布式测控系统的设计方法。

　　(3)通过多机通信掌握通信协议的实现方法，掌握通信协议帧的数据结构。

　　(4)掌握测控系统总体方案设计的过程及实现方法，培养学生测控系统软硬件开发能力，培养学生综合运用所学理论和技能发现、分析和解决专业问题的能力；

　　(5)通过学生自行进行实验方案设计及实现培养学生信息获取、知识更新和终身学习的能力。

11.2.3　实验原理

　　本实验的重点是对单片机基于 TTL 和 RS232 多机通信实验的扩展。RS232 相对 TTL 通信来说通信距离有所增加，但一般情况下通信电缆长度不超过 15m，最快传输速率不超过 20kbit/s。为了进一步提高数据传输速率和传输距离，研制出了 RS422 标准。RS422 采用双端线路传送模式，把逻辑电平转变为两条线路上的电位差，从而增大了传输距离和传输速率，RS422 最快传输速率可达 10Mbit/s，最大距离为 300m，适当降低速度，距离可达 1200m，但只能实现点对点的双端通信。RS485 是一种多发送器的电路标准，它扩展了 RS422 的性能，允许双导线上一个发送器驱动 32 个负载设备。负载设备可以是被动发送器、接收器或收发器。

进行 RS485 电平转换常用的芯片有 MAX483、MAX485 等，下面介绍 MAX485 电平转换芯片。

MAX485 是适用于恶劣环境下 RS485 通信的低功率收发器，采用单+5V 电源工作，包括一个驱动器和一个接收器。驱动器具有短路保护功能，其转换速率较低，可使 EMI 最小且可以减少由于电缆终端不匹配引起的反射，在高达 250kbit/s 速率下仍可实现无误差的数据传输。接收器输入具有失效保护特性，如果输入端开路，保证输出为逻辑高电平。MAX485 各引脚的功能如表 11-1 所示。

表 11-1　MAX485 引脚功能

引脚	名称	功　能
1	RO	接收器输出：若 A–B>200mV，RO 为高电平；若 A–B<–200mV，RO 为低电平
2	RE	接收器输出使能端。当 RE 为低电平时，RO 工作；当 RE 为高电平时，RO 为高阻抗
3	DE	驱动器输出使能端
4	DI	驱动器输入端
5	GND	地
6	A	正相接收器输入端和正相驱动器输出端
7	B	反相接收器输入端和反相驱动器输出端
8	VCC	正电源：4.75V≤VCC≤5.25V

MAX485 通过两个引脚 RE（2 脚）和 DE（3 脚）来控制数据的输入和输出。当 RE 为低电平时，MAX485 数据输入有效；当 DE 为高电平时，MAX485 数据输出有效，实验中这两个管脚用 PC4 来控制。利用 MAX485 扩展 RS-485 接口的硬件连接图如图 11-25 所示。

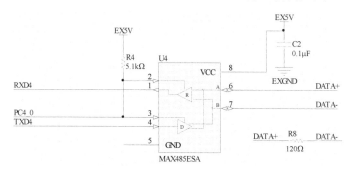

图 11-25　MAX485 接口电路

符合 RS485 标准的设备可以按图 11-26 所示连接成总线形式，其中必须有一台主机和若干台从机，主机的 A、B 线分别与所有从机的 A、B 线并联在 485 总线上。

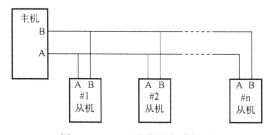

图 11-26　485 总线设备连接图

　　本实验是一个典型的分布式测控系统设计实验，除了 RS485 通信以外，还涉及测控系统设计课程多个章节的内容，相关内容包括：

　　(1)传感器的选择，需要学生了解各种传感器的原理及输出信号类型，能够根据需要选择合适的温湿度传感器及判断收费亭内有无工作人员的传感器。

　　(2)输入通道的设计，需要根据传感器输出信号的类型设计合理的调理电路，将信号输入到 CPU。

　　(3)输出通道的设计，需要根据风机风量大小设计合适的风机功率控制方法，设计相应的控制电路并实现输出控制。

　　(4)基于现场总线的相互通道设计，根据系统特点设计基于 485 总线的分布式测控系统结构及控制方法，设计相应的通信协议并实现分布式控制。

　　(5)系统设计，根据专业课所学知识完成系统方案设计并通过实验验证设计方案的可行性。

11.2.4　实验内容及要求

　　(1)采用 485 总线设计主从分布式系统结构，每个收费亭设计为一个从机，负责采集温湿度及有无工作人员的信息，控制风扇开关；设置一台主机，负责与所有从机通信，统计有人的收费亭数目并据此控制风机的总送风量。

　　(2)完成从机设计，选择合适的温湿度及人员检测传感器，并设计调理电路，通过继电器输出控制收费亭内风扇的开关，设计相应的输出电路及 485 通信单元。

　　(3)完成主机设计，包括 485 通信单元、风机变频器控制和结果显示电路的设计。

　　(4)完成 485 主从通信的设计，主机定期轮询所有从机，从机汇报各自的工作状态并接收主机发送的确认信息，要求设计主从机间详细的通信协议并利用软件编程实现。

11.2.5　实验组织

　　由于本实验为综合设计性实验，学生首先需要完成实验方案的设计，为了确保方案的可行性和可操作性，培养学生进行测控系统设计的能力，本课程会先以研究性专题的形式布置作业。学生以每组 2~3 人分组，以 5 组为一个单位，5 组中的 1 组重点负责主机节点的设计，其他 4 组重点负责从机节点的设计，每 4 组从机与 1 组主机构成一个分布式测控系统。各组在课下通过资料收集和文献查阅完成方案设计，学生在 2 学时的方案讨论课程中利用 PPT 介绍自己的设计方案，并以同学提问教师点评的方式对方案的合理性和可行性进行评价。

　　为了便于实现，本实验对实际项目做如下简化：每个实验平台模拟一台收费亭内的从机，利用拨码开关实现从机号码的设置，利用平台自带的温湿度传感器采集温湿度信息，利用平台自带的热释电红外传感器采集是否有人的信息，利用平台上的风扇模拟收费亭内的空调风扇；利用一个实验平台模拟主机，利用拨码开关设置系统中从机的个数，利用 LED 灯显示各从机是否检测到有人，利用 LED 数码管显示各从机采集的温度和风机的风量等级。

　　实验中要求学生分别设计主机和从机的单片机程序，从机负责温湿度和是否有人信息的采集以及风扇的控制，主机负责与所有从机多机通信实现从机采集信息的汇总，并根据汇总情况控制总风量的大小。由于实验的工作量较大，为提高实验的可操作性，本实验共 6 学时，分 3 次实现，每次 2 个学时。

（1）第一次实验（2 学时）实现主机控制程序和从机检测程序的设计，实现温湿度和热释电红外传感器的信息采集；

（2）第二次实验（2 学时）实现 485 多机通信程序的编写和调试，能够实现数据的分布式传输；

（3）第三次实验（2 学时）完成分布式测控系统的全部功能，实现从机信息的上传和主机的自主控制。

11.2.6　思考题

请分析双机通信与多机通信在通信协议上的区别。

11.3　基于单总线的机车轴温监测系统设计

11.3.1　科研背景

机车在运行过程中会因轴温过高造成机破、机故，甚至造成重大事故。随着几次铁路大提速，这个问题更是铁路运输安全的一大隐患。随着铁路提速范围的不断扩大，对运输安全的技术保障提出了更高的要求。过去依靠机车停站后人工手摸的办法检查轴温早已不能满足铁路运输的需要，虽然近年来不少单位相继开发了多种机车轴温监测装置，但因传感器连线太多，传感器精度低等原因，均没有大范围推广应用。随着单总线数字式温度传感器的发展，多个温度传感器挂接在一根总线上成为可能，从而大大简化了传感器的连线，且传感器直接输出数字信息，38 个测点全部寻检一次的时间小于 1 秒，为机车轴温的实时监测报警提供了方便可靠的条件。

机车轴温监测装置选用 DS18B20 单总线数字式温度传感器作为温度检测元件，该传感器具有全球唯一的地址代码，同时也提供了对单总线上全部传感器的自动寻码技术，但主机系统并不能根据代码确定各传感器对应的测点位置。以六轴车为例，每根车轴包含左右轴箱、左右牵引电机轴承和左右抱轴承 6 个测温点，共 36 个测温点，加上 2 路环境温度，共 38 个测温点。为了确定各传感器的测点位置，需要对传感器进行编码设计，从 11～66 分别为 36 个测温点编号，其中第一位数字代表 1～6 的轴位，第二位数字的 1～6 分别代表左轴箱、左电机、左抱轴和右轴箱、右电机、右抱轴的温度。进行编码后，就可以根据编码确定传感器在机车上的测点位置。在装置更换主机或传感器后，系统能够自动寻码并定位，自动确定各传感器和机车轴位的对应关系。各传感器的位置及网络关系如图 11-27 所示，各传感器的编码如表 11-2 所示。

表 11-2　传感器编码对应表

位 轴	左轴箱	左电机	左抱轴	右轴箱	右电机	右抱轴
1	11	12	13	14	15	16
2	21	22	23	24	25	26
3	31	32	33	34	35	36
4	41	42	43	44	45	46
5	51	52	53	54	55	56
6	61	62	63	64	65	66

注：两路环境温度编码分别为 10 和 20

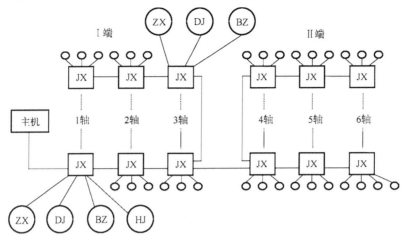

图 11-27　机车轴温监测系统测点分布图
注：1. JX——接线盒；ZX——轴箱；DJ——电机；BZ——抱轴；HJ——环境温度
2. 3 个 "O" 代表：ZX，DJ，BZ；4 个 "O" 中增加一路 HJ 环境温度测试点

11.3.2　实验目的

(1) 熟悉单总线器件操作时序及单总线器件编码方法。

(2) 掌握多个单总线器件搜码的原理及程序实现。

(3) 掌握多个单总线器件构建测控系统的设计方法。

(4) 培养学生综合运用所学理论和技能发现、分析和解决专业问题的能力，培养学生测控系统软硬件开发能力。

11.3.3　实验原理

DS1820(DS18B20)是 DALLAS 公司的新一代单总线数字式温度传感器，测温范围在 −55～125℃，DS1820 的测量精度为±0.5℃，DS18B20 的测量精度为 0.0625℃。其内部有集成的 A/D 转换部分，输出即为数字信号，无需增加 A/D 变换芯片。其最大的优点是一线制结构，所有的信号可以共用同一条数据总线。

1. DS1820 硬件电路

DS1820(DS18B20)的管脚定义如图 11-28 所示，包括电源、信号地和数据线 3 个管脚，测温时可以将所有 DS1820(DS18B20)的数据管脚并联在同一根数据总线上。

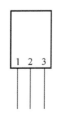

图 11-28　DS1820 管脚图
1-GND；2-DATA；3-VCC

实际应用中，由于传感器连线较长，需要采用 4050 作为驱动器，采用高速光耦 6N137

作为隔离器件，机车轴温监测系统实际使用的单总线电路如图 11-29 所示，其中 DSBUS 为单总线。电路中用 P1.0 写入数据，用 P1.1 读出数据，采用 4050 作为驱动器，解决了现场驱动能力不足的问题。在对 DS1820 进行读写操作时，主要是向其总线上写入"1"或"0"信号，当此系统安装到机车上时，总线就会拉得很长，此时线间电容很大，在用示波器观察时，虽然主机向总线上写入了"1"或"0"信号，但到达传感器时信号已被线间的大电容给滤掉了。因此要增加驱动能力，必须增加信号停留在总线上的时间，使总线实实在在接收到信号，此时 CD4050 恰恰起到了信号缓冲的作用，因而加强了系统的驱动能力。

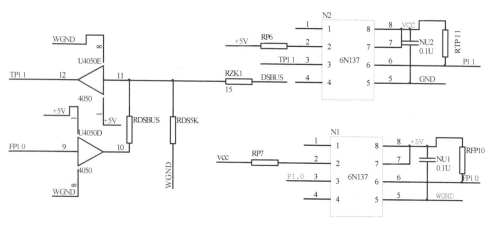

图 11-29　机车轴温监测系统单总线电路连接图

2. 多点测温原理

多点测温时，总线上同时挂接了多个 DS1820(DS18B20)，系统之所以能够识别出每个 DS1820(DS18B20)，主要是根据每个 DS1820(DS18B20) 中存有的全球唯一的地址码。在进行温度测量时，先要启动所有的 DS1820(DS18B20) 作温度转换，等其转换完毕后，再向总线上发送某个 DS1820(DS18B20) 的地址码，然后就可以从总线上读出该 DS1820(DS18B20) 测量出的温度值。因此，多点测温时必须清楚每个 DS1820(DS18B20) 的地址码，所以在测温前一个很重要的工作就是读出所有 DS1820(DS18B20) 的地址码，即对所有传感器进行编码。DS1820 读出温度值的单位是 0.5℃，因此要将读出的值除以 2。DS18B20 为 12 位温度传感器，因此要将读出的值除以 16。

3. 读码(编码)方式

建议采用单独读码方式，即总线上只挂接一个 DS1820(DS18B20)，由单片机读出码值后，单片机将得到的码值存到非易失 RAM 相应的位置，读温度时，再到指定的位置处取码。读码流程如图 11-30 所示。

初始化 DS1820 的方法：先送低电平至总线，等待 480～960μs；再送高电平至总线，等待 480～960μs，即初始化完毕。

4. 多点测温软件

如图 11-31 所示为多点测温软件的流程图。多点测温时，可以同时启动所有 DS1820 进行温度转换，然后通过 MatchROM 和 Read Scratch 指令逐一读出各传感器的温度值，直到读出所有 DS1820 的温度后结束。

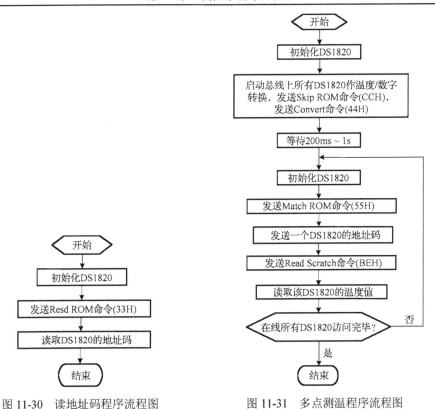

图 11-30　读地址码程序流程图　　　　　　　　图 11-31　多点测温程序流程图

11.3.4　实验内容及要求

(1) 本实验对机车轴温监测系统进行了适当简化,将实际的 38 个测温点减少到 4 个,可以通过大功率水泥电阻加热,也可以通过风扇冷却模拟轴温的变化。

(2) 要求能够读取 4 个测温点的温度值,并循环显示。

(3) 当某个测点温度符合报警条件(大于设定阈值或高于环境温度一定数值)时进行声光报警。

(4) 能够实现传感器的编码与替换。

11.3.5　实验组织

为了实验的可行性,实验对真实的轴温监测系统进行了简化,将 38 个测温点简化为 4 个,每 3~4 名学生自由组合成一个实验小组,各组在课下通过资料收集和文献查阅完成方案设计,学生在 2 学时的方案讨论课程中利用 PPT 介绍自己的设计方案,并以同学提问教师点评的方式对方案的合理性和可行性进行评价。

实验小组内部人员完成任务分工,可以分为按键输入与显示模块,单总线器件操作模块进行分别设计,可以分 6 个学时完成整体实验内容:

第一次实验(2 学时)完成显示与输入模块的子程序设计,要求子程序设计通过全局变量实现参数传递,能够通过修改全局变量的值完成不同信息的显示和按键键值的获取;

第二次实验(2 学时)完成单总线器件基本时序和搜码、编码程序的设计,能够完成单

总线器件 64 位码的搜码,能够对每个传感器进行单独编码以确定传感器的编码和位置的对应关系;

第三次实验(2 学时)在前面两次实验的基础上完成轴温监测报警功能,能够对多个测温点进行温度转换,读取温度值并进行显示,能够实现超温报警显示功能,例如,当绝对温度超过 70℃或超过环境温度 30℃时实现声光报警。

11.3.6　思考题

(1)单总线集成温度传感器与半导体温度传感器 AD590 主要的区别是什么?

(2)若采用模拟输出的传感器构建上面的测试系统,应该采用何种结构,与单总线系统相比的优缺点各是什么?

11.4　基于 CAN 总线的抢答器系统设计

11.4.1　科研背景

抢答器是为智力竞赛参赛者进行抢答而设计的一种优先判决器电路,广泛应用于各种知识竞赛、文娱活动等场合。能够实现抢答器功能的方式有多种,早期采用模拟电路、数字电路或模拟与数字电路相结合的方式,但这种方式多采用有线方式,制作过程复杂,准确性与可靠性不高,成品面积大,而且有线抢答器中显示系统和抢答按键之间距离较远,存在连线多,结构复杂,安装不便等缺点。随着电子技术的发展,现在的抢答器功能越来越强,可靠性和准确性也越来越高。尤其是随着现场总线和无线技术的发展,基于现场总线设计的抢答器应用越来越普遍,抢答器的功能也越来越丰富,如抢答限时、选手答题计时等。本实验要求学生利用 CAN 总线技术实现抢答器的设计。

11.4.2　实验目的

(1)熟悉 CAN 总线的通信原理及实现方法。

(2)掌握基于 SJA1000 和 82C250 的 CAN 总线智能节点设计方法。

(3)根据具体应用设计并实现应用层协议。

(4)培养学生综合运用所学理论和技能发现、分析和解决专业问题的能力,培养学生测控系统软硬件开发能力。

11.4.3　实验原理

CAN 总线的突出优点使其在各个领域的应用得到迅速发展,这使得许多器件厂商竞相推出各种 CAN 总线的器件产品。常用的 CAN 节点设计方案是采用 SJA1000 CAN 控制器和 82C250 CAN 收发器设计。SJA1000 是一个独立的 CAN 控制器,执行在 CAN 规范里规定的完整 CAN 协议。82C250 是支持差分模式的 CAN 总线收发器,控制从 CAN 控制器到总线物理层的逻辑电平信号。所有这些 CAN 功能可由一个单片机来控制,负责执行节点的应用层功能。因此,由单片机、SJA1000 和 82C250 可以构成一个最小的 CAN 总线智能节点。

1. CAN 通信控制器 SJA1000 概述

SJA1000 是一种独立 CAN 控制器,它是 PHILIPS 公司的 PCA82C200 CAN 控制器的替

代产品，在管脚及功能上与 PCA82C200 兼容。SJA1000 具有 Basic CAN 和 PeliCAN 两种工作方式，可通过时钟分频寄存器中的 CAN 方式位来选择。上电复位默认工作方式是 Basic CAN 方式，与 PCA82C200 完全兼容。在 PeliCAN 方式下，SJA1000 有一个重新设计的包含很多新功能的寄存器组。SJA1000 包含 PCA82C200 中的所有位，同时增加了一些新的功能位。PeliCAN 方式支持 CAN2.0B 协议规定的所有功能位。SJA1000 的主要新功能如下：

(1) 标准结构和扩展结构报文的接收和发送；

(2) 64B 的接收 FIFO；

(3) 标准和扩展帧格式都具有单/双接收滤波器(含接收屏蔽和接收码寄存器)；

(4) 可进行读/写访问的错误计数器；

(5) 可编程的错误报警限制；

(6) 最近一次的错误代码寄存器；

(7) 每一个 CAN 总线错误都可以产生错误中断；

(8) 具有丢失仲裁定位功能的丢失仲裁中断；

(9) 单发方式(当发生错误或丢失仲裁时不重发)；

(10) 只听方式(监听 CAN 总线，无应答，无错误标志)；

(11) 支持热插拔；

(12) 硬件禁止 CLKOUT 输出。

SJA1000 的引脚功能如表 11-3 所示。

表 11-3　SJA1000 引脚功能

引脚	名称	功　　能
AD7~AD0	2, 1, 28~23	地址/数据复用总线
ALE	3	ALE 信号(Intel 方式)或 AS 信号(Motorola 方式)
CS	4	片选输入，低电平允许访问 SJA1000
RD	5	微控制器的读信号(Intel 方式)或使能信号(Motorola 方式)
WR	6	微控制器的写信号(Intel 方式)或读写信号(Motorola 方式)
CLKOUT	7	SJA1000 产生的提供给微控制器的时钟输出信号，时钟信号来源于内部振荡器，且通过编程驱动时钟控制寄存器的时钟关闭位可禁止该引脚
VSS1	8	逻辑电路地
XTAL1	9	输入到振荡器放大电路，外部振荡信号由此输入
XTAL2	10	振荡放大电路输出，使用外部振荡信号时作为开路输出
MODE	11	模式选择：1=Intel 模式；0=Motorola 模式
VDD3	12	输出驱动器 5V 电压
TX0	13	从 CAN 输出驱动器 0 到物理总线的输出端
TX1	14	从 CAN 输出驱动器 1 到物理总线的输出端
VSS3	15	输出驱动器地
INT	16	中断输出端，用于向微控制器提供中断信号
RST	17	复位输入端，用于复位 CAN 接口(低电平有效)
VDD2	18	输入比较器 5V 电源
RX0，RX1	19，20	从 CAN 的物理总线到 SJA1000 的输入比较器的输入端，显性电平将唤醒睡眠方式的 SJA1000。当 RX0 高于 RX1 时，读出为隐性电平，否则为显性电平
VSS2	21	输入比较器地
VDD1	22	逻辑电路 5V 电源

2. 智能节点的硬件电路

此处采用单片机、SJA1000 和 82C250 共同构建 CAN 智能节点。CAN 通信部分原理图如图 11-12 所示。SJA1000 的 AD0～AD7 连接到单片机的 P0 口，CS 连接到 74LS138 译码器的输出 CS7，通过译码器分配的地址为 E000H～FFFFH。SJA1000 的 RD、WR、ALE 分别与单片机的对应引脚相连。为了增强总线节点的抗干扰能力，SJA1000 的 TX0 和 RX0 不要直接与 82C250 的 TXD 和 RXD 相连，而是通过高速光耦 6N137 后与 82C250 相连，这样就很好地实现了总线上各 CAN 节点间的电气隔离，提高了节点的稳定性和安全性。

82C250 与 CAN 总线的接口部分也可以采用一定的安全和抗干扰措施，提高节点的稳定性和安全性。比如，CANH 和 CANL 与地之间并联 2 个 30pF 的小电容，可以起到滤除总线上的高频干扰和一定的防电磁辐射的能力。82C250 的 Rs 脚上接一个斜率电阻，电阻大小可根据总线通信速度适当调整，一般在 16～140kΩ。这里的电阻取 47kΩ，如果 82C250 的 Rs 不接 47kΩ 电阻，则需接地。

11.4.4　实验内容及要求

(1)熟悉 CAN 节点硬件电路，开发抢答器应用层协议。

(2)开发智能节点控制程序，实现基本的节点监控与网络通信功能。

(3)通过导线将多个节点连接成一个网络，其中一个作为主控节点，可以显示抢答获胜信息，实现抢答功能。

11.4.5　实验组织

本实验要求学生基于 CAN 控制器 SJA1000、CAN 总线收发器 82C250 和 51 系列单片机完成 CAN 总线智能节点的开发，开发应用层协议和智能节点控制程序，实现抢答器功能。实验以 3～5 人小组为单位，设计、开发基于 CAN 总线的抢答器节点；各小组完成抢答器节点开发后通过双绞线将 3～5 个平台连接成 CAN 网络，调试抢答器功能。学生应以小组为单位，在实验前充分讨论抢答器实现方案，设计应用层协议，开发节点控制程序。在实验课中，主要进行程序调试。实验后，各小组应形成一份最终的设计方案报告，并由教师组织在课堂教学课时进行答辩。

11.4.6　思考题

(1)CAN 通信和 RS485 通信的最主要区别是什么？

(2)SJA1000 有哪两种工作方式？PeliCAN 模式有哪些新功能？

参 考 文 献

常大定，曾延安，张南洋生. 2008. 光电信息技术基础实验[M]. 武汉：华中科技大学出版社.

陈毅静. 2010. 测控技术与仪器专业导论[M]. 北京：北京大学出版社.

韩九强. 2007. 现代测控技术与系统[M]. 北京：清华大学出版社.

梁福平. 2010. 传感器原理及检测技术[M]. 武汉：华中科技大学出版社.

林玉池，毕玉玲，马凤鸣. 2009. 测控技术与仪器实践能力训练教程[M]. 2版. 北京：机械工业出版社.

林玉池. 2005. 测量控制仪器仪表前沿技术及发展趋势[M]. 天津：天津大学出版社.

史红梅. 2011. 测控电路及应用[M]. 武汉：华中科技大学出版社.

童刚. 2008. 虚拟仪器实用编程技术[M]. 北京：机械工业出版社.

王凌云，刘红，苏拾. 2013. 测控技术与仪器专业实验教程[M]. 北京：清华大学出版社.

王庆有. 2013. 光电技术[M]. 北京：电子工业出版社.

许菁，刘振兴. 2011. 液压与气动技术[M]. 北京：机械工业出版社.

于海生. 2012. 计算机控制技术[M]. 北京：机械工业出版社.

余祖俊，史红梅，朱力强，等. 2012. 微机检测与控制应用系统设计[M]. 北京：机械工业出版社.

郁有文，常健，程继红. 2014. 传感器原理及应用[M]. 4版. 西安：西安电子科技大学出版社.

张文娜，叶湘滨，熊飞丽. 2011. 传感器技术[M]. 北京：清华大学出版社.